U0284448

著作权合同登记图字: 01-2011-3158号

图书在版编目（CIP）数据

设计管理的可视化与价值／（英）汉兹著；董红羽译. —北京: 中国建筑工业出版社，2011.11
ISBN 978-7-112-13665-0

Ⅰ.①设　Ⅱ.①汉　②董　Ⅲ.①工业设计-管理-研究　Ⅳ.①TB47

中国版本图书馆CIP数据核字（2011）第205509号

Vision and Values in Design Management

Copyright © AVA Publishing SA 2009

All rights reserved. No part of this publication may be reproduced, stored in a retrieval system or transmitted in any form or by any means, electronic, mechanical, photocopying, recording or otherwise, without permission of the copyright holder.

Design by Rupert Bassett

Reprinted in Chinese by China Architecture & Building Press

Translation copyright © 2011 China Architecture & Building Press

本书由瑞士AVA Publishing SA出版社授权我社翻译出版

责任编辑: 段　宁　率　琦
责任设计: 陈　旭
责任校对: 王誉欣　赵　颖

设计管理的可视化与价值
Vision and Values in Design Management
[英] 大卫·汉兹　著
董红羽　译
＊
中国建筑工业出版社出版、发行（北京西郊百万庄）
各 地 新 华 书 店、建 筑 书 店 经 销
北 京 嘉 泰 利 德 公 司 制 版
深圳市精彩印联合印务有限公司印刷
＊
开本：880×1230毫米　1/16　印张：12　字数：480千字
2012 年 8 月第一版　2012 年 8 月第一次印刷
定价：88.00 元
ISBN 978-7-112-13665-0
　　　　（21444）
版权所有　翻印必究
如有印装质量问题，可寄本社退换
（邮政编码　100037）

设计管理的可视化与价值

Vision and Values in Design Management

[英] 大卫·汉兹 著

董红羽 译

中国建筑工业出版社

目录

介绍

设计在商业中首要的问题是具有说服力及建设性，其严密和审慎的有效性建议能为一个企业提供长远的利益。这种利益既是有形的也是无形的，既为产品同时也为服务增加了价值，而且最终对企业本身产生利益。然而，为了达成对设计的理解和应用，这个企业需要计划和制定工作框架以便顺利地协同工作。以这种方式高效地利用设计将使公司增加可见的产品价值并且能保持公司长期的竞争优势。

第1章
设计指导

设计指导介绍了一个如何评估设计真正的价值以及设计如何应用于不同语境中的过程。

自从设计应用于改进现有产品后，设计成为必要的并被提升到项目层面引起重视以来，设计就已经获得了长足的进步。其间两个撰稿人讨论了他们如何看待设计在商业中价值的问题，热情地探讨了设计在企业管理中所能产生的重要意义。这一节以革新性的淋浴产品——维特淋浴为案例，证明了设计的重要性以及设计如何被有效地用来提高产品的附加值。

目前普遍认可的是成功的企业不再将目标锁定于减少成本，而将致力于提高产品的附加值和独特的且具有吸引力的服务方面。消费者现在更倾向于增加消费力度和扩大选择种类。因此公司需要对消费作出预评估、回应，更重要的是所做出的要超过消费者的预期值。

这些趋势暗示着设计的专业技能是很关键的，尤其在全球市场的范围内针对提升竞争力和成长空间的意愿而言。设计师可以构想、创造、交流新的革新性产品，深化品牌形象。但尤其需要注意的是设计经常要与公司的策略和核心竞争力匹配一致。

值得一提的是设计以及它的有效管理能引领产品和服务创新性地发展，能通过提高品牌价值和企业形象识别从而加强公司的形象和实力，提升设计能力及革新产品的新技术。然而设计已经越过那些很难界定和量化的"隐性"利益，从一个宏观的企业角度来关注和理解，设计的价值和能力变得相当重要。

本书分为4个章。每一个章节锁定一个设计和设计管理的特定方面。本书为每日所做的设计和策略的运用，就其复杂性和微妙差别方面提供了一个丰富的视角。

从整体的角度来看，希望读者能对设计管理和策略以及由设计管理带来的多种收益有一个全方位的理解。

本书宗旨并不在于就设计管理的组成提出一个现成的总结，而是通过探讨它的价值和在企业内部的位置来提升它的重要性。希望读者能借此探索许多问题，提出各种观点，并由此得出关于设计管理的个人见解，并把这些收获带进他们自身实际的工作中。通过进行重要的讨论和分析，希望在今天这个日新月异的世界里大家能达成共识，借由设计管理迈出成熟的、革命性的下一步。

第2章
设计变革

设计变革说明了设计和设计管理有着怎样不同的阐释，说明了战略应用的理论。通过有预见性的举措，企业有实力不断改变自身直至成功。两位设计管理界的观察家提供的案例，一位来自墨西哥，另一位来自中国。每一个视点都清楚地阐明了设计管理怎样与它特有的背景相一致，适用于产业活动及商业操作。为补充国际化的比对，案例研究者们提出了唯一的观点，从商业操作的每一个方面设计如何急速地提升企业变革。

第3章
设计倡导

设计倡导提出了这个问题，设计拥护者们是企业内变革的关键驱动力。他们是如何推动策略改革而令商业增长的？依靠设计的领导力所驱动的革新不仅体现在企业内部，而且还将影响拓展至与之相关的产业链上。伴随着具备了促成创意大环境的能力及创新的活动，产生了全新的可持续发展的策略，因而为企业发展带来了各种各样的可能性。作为设计管理中的革新性的进步，目前"设计领导力"一词的出现也引起了许多问题。那只是设计管理披上的一件新外衣，还是设计管理成熟化的过程中合乎逻辑的发展阶段？从创新的角度来看，尤其特别的是，设计扮演的角色及在供应链上如何凭借其专业技能提供有力的证明来解决如下争论：设计是否应成为战略资源进而在商业计划进程会议桌上重新提出。

第4章
设计联盟

设计联盟站在未来发展的角度提出质疑：设计的下一步走向哪里？面临当今不断变幻及复杂的社会技术力量，企业不得不适应及采纳新的思路和试验性的方法论在全球内进行竞争并成功。变革的一个极大的驱动力是以新的经济增长和其他戏剧化的布局不断扭转政策全局。其中一个案例令我们聚焦东南亚和印度次大陆，那里有着占世界很大份额的生产制造业产地以及以技术定位的外包生产地。在日常生活的基础上，人口和市场份额被不断细分，个性化的生活方式及个人的理想等令新的市场机会产生，这些都促使设计师了解并设计出新方案，这些点子都会激励引导着消费者和最终用户体验种种不同的生活内容。

如何从本书获得最大收益

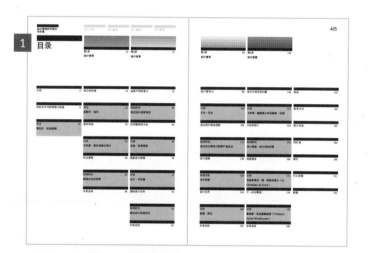

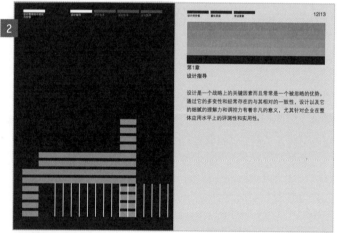

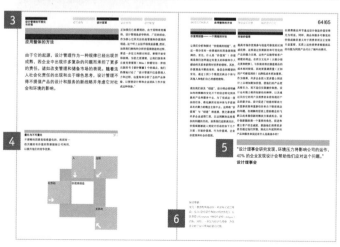

1 结构

这些内容图表揭示了本书的整体架构，用色彩标注组成了四个主要章节，均便于探索关键点。

2 章节

每一章介绍了设计管理的不同方面，这些内容细分成小节并被辅以图片、图表和引用的内容呈现给大家。

3 标题

每页顶部均有被强调的标题可为读者的阅读导航。

4 示意图

本书所描述的一些设计管理较为复杂的概念会提供简单的示意图为读者作阐释。

5 引用

被强调的引用部分为讨论的问题提供了额外深入的观点。

6 注释

在本书最后添加了注解并标明出自本书页面的位置。

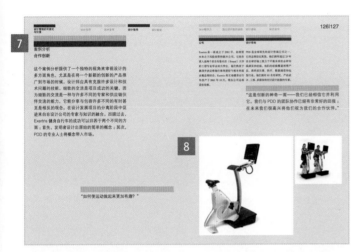

7 案例研究

有 6 个被选择的案例说明了设计管理在不同环境中的应用。

8 图片

本书有许多内容的描述是以图片形式呈现，可为相关从业人员作指导。

9 访谈

每章均设有访谈，可指导设计管理专业人员和相关从业者。

10 总结

每一章和案例研究会有一个总结性的段落表现其重点。

11 问题

每一章和案例研究都会伴随着一个修订的问题。

12 参考书目

每一章和案例研究后面都会有推荐的参考书目帮助读者进一步探索此章所覆盖的问题。

前言

雷切尔·库珀教授

"在今天混乱的全球化市场上，设计面临着许多挑战和机遇。"

就适应于一个不断更新的社会和变幻万千的商业而言，设计管理存在着一种持续运动、变化、不断回应的规律。作为一种力量的体现，它在不断成长以适应新的变化与思路，在产业和经济领域具有超越现实的前瞻性，在公共部门和非营利组织中缔造一种强而有力的存在。

相较于自 1970 年代后期所迈出的第一步蹒跚的脚步而言，社会对设计的灵敏度和理解的价值值得大加褒扬。制造业领域已理解并接受了设计管理作为一个关键的战略工具，以及其在经济下滑和越来越多的越洋竞争中帮助企业寻求立足之地所起到的作用。经过 1980 年代经济疲软期，迎来了一个新纪元，设计管理的进步被认可，并引领 MBA 模块和新的教育课程的发展，为在产业和经济发展中设计的领导角色培养着生力军。逐渐的，设计的影响力开始渗透企业活动的每一个领域，承担并克服了每一个商业挑战，英国设计理事会友好地提出了一个倡议，旨在架起设计与商业之间的桥梁，诸如在高校这样的教育系统和商业领域成立了合作代理的设计中心。除此之外，由英国政府制定国家政策批准并支持这些合作机构，力求以实体的机构和国际发展来促成一个支持创意的大气候。

设计拥护者们在企业内外都获得了声望，强有力地倡导设计在各个应用领域所拥有的各种优势。通过快速而及时的特定环境的体验，设计运动强调了产品间的区别。然而，在今天动荡的、全球化的市场下，设计面临了诸多挑战同时也获得很多机遇。由于技术与人口的变化所带来的变革力量要求在每日的实践活动中将设计重新定位，并注入新的内容，以适应跨地域与文化的状况。技术的汇聚正促使我们对每日所接触的产品和服务进行一个彻底的重新估价。例如，移动电话已明显地不同于 1980 年左右的手持形式，以微型化和高技术程序改变着我们的产品体验，并且我们现在能够享受系列的服务。

服务革新的提高强化了我们的存在以及我们与企业长期的联系，创立了新的雇佣形式，支持着我们日渐增长的个性化生活方式和个人偏好的需求。设计通过从不同领域之间知识和技术的转移，不仅支持了服务范围内的改革，也将这种支持拓展到相关供应链上。伴随着新 ICT 技术的到来，尤为突现和中肯的是设计团队将跨越地域、文化共同分享和学习知识。随着加速发展的步伐，有预见性的设计领导力成为商业成功的先决条件。

设计领导力不仅是唯一保护商业活动的条件，而且就公共领域而言越来越具有不可估量的贡献。这一点没有比在关爱健康体系的案例中体现得更明显的了。它通过以下几个方面最有可能实现：首先较好地设计健康关爱的环境，其次为用户设计更多易用的医疗产品，再次运用具有较强表现力的材质，这些材料以及更个性化的服务在传达到终端用户方面更具有效性。进一步说，设计在对抗犯罪和反社会行为上也扮演了日益重要的角色，在解决问题的过程中提供了独特的观点。在较宽泛的语境下如何运用产品和设计提供一个全面的洞察力，表达出消除一系列犯罪的可能性。随着社会责任感的提升以及企业对于广泛的受众群体的保证，更要求社会和企业具有一个全面并更可理解的概念模式。而不仅仅使社会责任感看上去只是企业的一个不必要的负担或者限制条件。针对这一具有批判性的重要的议题，设计的角色具有了日益重大的影响力。

作者和业界先锋为本书提供了一系列独到的观念，并从多元化的视角将这些势在必行的问题揭示出来了。设计管理在一个持续变化的环境中应对动态的变化有所回应，并不断更新和重新评估其相应的价值观。我希望，作为读者的您能深入思考这些问题，并能在您所从事的职业中将其贯穿于每日的设计活动，以提升您的挑战力。

雷切尔·库珀教授
副校长
Imagination@Lancaster University

雷切尔·库珀教授
雷切尔·库珀是一个设计管理学教授，著有 6 本书，超过 200 篇论文，她的兴趣涵盖了设计管理、设计政策、新产品开发、设计对抗犯罪和 CSR。

第1章

设计指导

设计是一个战略上的关键因素而且常常是一个被忽略的优势。通过它的多变性和经常存在的与其相对的一致性，设计以及它的细腻的理解力和调控力有着非凡的意义，尤其针对企业在整体应用水平上的评测性和实用性。

设计的价值

体现设计收益已经成为一个缓慢而费力的工作。然而，要令企业能完全认识到设计能振兴市场，并在市场获益常常是困难的。这一章描述了设计在企业内部所表现的"软性"和可商讨性手段高于"强硬"手段的益处。

尽管本土设计人才过剩，英国已慢慢认识到设计能寻求成功的新产品推介和提高商业竞争力的益处。其他国家，尤其是德国、日本和美国在策略层面整合设计上取得了进步，而不仅仅是将设计作为提升、美化现存产品外观或表面装饰工作的一个工具。在竞争日益加大的市场上，会要求企业不断地发展并建立"竞争优势"。

公司在设计事务上的百分比，在过去3年中革新与创意有所体现的价值。 表1

在公司中设计所占贡献的比例，因超过一种可能性的答案，所以百分比会增加超过至100%。

	%
营业额增长	51
企业形象提升	50
增长收益	48
增加雇员	46
提高与客户的交流	45
提高服务／产品的质量	44
提高市场份额	40
新产品的开发	40
提升内部交流	28
降低成本	25

资料来源：2001年PACEC的设计理事会调研。

创意为提高或改变商业的主要来源 表2

	%
客户	63
与员工／管理层内部讨论	31
供应	23
出版物／期刊	11
竞争者计划	8
其他	8
内部调研和发展	5
外部咨询	2

资料来源：2001年PACEC的设计理事会调研。

没有为未来做计划的公司，仅仅基于每日的运行将永远不会为其持久的发展和商业的成功开启真实的潜力。设计及其许多益处常常被企业误解。设计能作出如下重大贡献：

—— 减少生产和制造成本，减少昂贵材料的使用。

—— 提高客户的忠诚度，常常在策略方面为客户带来实质性的益处。

—— 在具有较高的竞争力市场通过开发新型产品及服务提升市场份额。

—— 以较好的信息设计方式减少客户的抱怨。

—— 通过运用客户与品牌为防线的商品体验改变企业的概念。

利益

2001 年由 PACEC 的设计理事会采用的调研强调设计能为企业带来各方面的益处（见表 1）。这个调研提供了强有力的证据，表明好设计能提高公司的运作行为和经济增长。20 世纪 90 年代初作为经济衰退的后果，公司被迫发展新的，经常是激进的方法在困难动荡的市场来竞争。世界的变幻莫测导致不受约束的国家资金给企业带来了无法预测的问题。许多企业回应这种"变化"的影响并积极地参与振兴，但对于另外的企业，"变化"在公司竞争力的幸存机会和成功方面起了反作用。投资于设计的益处在策略层面上大大有利于革新，这一点被很好地体现出来了。[库珀 & 普雷斯（Press），1995；奥克利（Oakley），1990；沃尔什（Walsh）等，1992；布鲁斯（Bruce）& 贝森特（Bessant），2002] 其中说明了设计如何能为增加企业的产品／服务的价值而很好地工作。

再者，由 PACEC 的设计理事会（2001 年）所做的调查已将企业创新行为和产品推广的收益量化并且传达给了他们的客户。并识别促进创新的关键驱动力（见表 2）。

企业在不同方式上利用设计，在企业行为和与客户的沟通中提供许多益处。设计在管理和匹配企业如何看待客户并与之交流方面将成为一个强有力的工具。在治理并帮助企业实现和评估未来潜在的商业机会、服务以及制造方面，设计亦是一个有用的工具。在策略层面，设计能最大限度地帮助开发公司潜在的值得拥有的产品及服务，同时也可抵御海外竞争，保存现有的市场份额（见表 3）。

这个图例说明了设计贡献于商业行为的许多多样化方式。特鲁曼（Trueman）(1998)将设计策略归为四个方面，显示出设计能通过以下几个方面提供不同增益：增加附加值；利用图形；提高程序和提升产品（见表4）。

所有公司（由雇员的规模决定）　　　　　　　　　　　　表3

在设计方面有所贡献，至少在

如下方面能获得拓展：

	0–19	20–49	50–249	250+
增加竞争力	25%	75%	82%	80%
增加利润	22%	79%	78%	76%
更好地与客户交流	26%	80%	83%	87%
减少成本	6%	62%	64%	54%
提升产品和服务的质量	26%	69%	87%	78%
增加市场份额	16%	70%	83%	83%

资料来源：设计理事会全国调查，2002。

品牌

名称、合约期、设计、符号和任何能清楚地区别于其他销售者的产品和服务，是可识别的重要部分；是在品牌合法期注册的商标。一个品牌可以识别一个品种、旗下品牌的一支或者销售者的全部品种。

PACEC

一个完善的、专业经济咨询业务，在剑桥和伦敦设有办公室。它承接经济开发和战略振兴、评估、可行性研究方面的业务。

附加值

作为特别活动的结果一个产品的价值或服务上增加的价值，在市场环境下这些活动可以被包装或者品牌化。

设计策略水平

表4

设计策略	设计贡献	公司目标
价值	产品风格 美学 质量 标准 附加值	增加消费者价值及提高公司声望
图像	产品区别 产品多样化 产品识别 品牌识别 品牌创造	公司形象与策略
过程	新创意的产生 观念传达 概念解释 整合概念 提升产品	新概念的文化 创意性和革新性
产品	减少复杂性 使用新技术和材料 减少生产时间	提高或缩短到达市场的时间

资料来源：特鲁曼，1998。

附加值

面对激烈竞争的市场，公司的最终目标是为客户提供他们需要的产品和服务，以及比竞争对手更优的价值。因此，有效地使用设计将能使公司增加其产品体现出的可见的价值，维持竞争优势。目前普遍可接受的是，成功的企业不再仅仅锁定减少成本，也努力提高产品和服务的附加值，这是与众不同的且有着很大的吸引力。

因为消费能力增加和选择的多样性，客户现在有更多的要求。因此公司需要预测、回应，更为重要的是超出客户的期望值。其竞争对手将赶上在这些方面不能适应并参与竞争的公司。杰夫·胡克（Geoff Hooker），英国钢铁业产品和市场发展总监这样评论："从大众中脱颖而出的更多大公司将设计作为一个具有竞争力和附加值的关键资源，他们将意识到我们钢铁业很早就认识到了的好的产品设计是商业成功的关键点。"

图 1
经由苹果（Apple）设计所提供的全方位的技术与服务。

图 2 和图 3
博世（BOSCH）和柯达（Kodak）不断更新和提供了超出客户预期值的产品。

图 4 和图 5
香奈尔（Chanel）和倩碧（Clinique）使用具有诱惑力的设计创造了具有冲击力和令人记忆深刻的广告推广。

图 6 和图 7
斯特拉·麦卡特尼（Stella McCartney）和芭宝丽（Burberry）通过在市场高端产品线上变革，确定了他们在竞争日益激烈的时尚界市场的领军位置。

图 8 和图 9
汉莎（Lufthansa）和维京（Virgin）通过运用在产品和服务上贴心的设计创造了值得记忆的旅行体验。

图 10 和图 11
马克与斯潘塞（Marks & Spencer）和圣堡力（Sainsbury）利用设计传达了质量核心的哲学以及通过客户行为的每个层面体现了服务的高价值。

若有效地利用，对于管理和协调企业与客户的关系而言，设计能成为一种优秀的手段，同样也能成为与之传达交流的极佳的方式。**沃利·奥林斯（Wally Olins）**谈到："……设计是企业的主要资源，与其他功能一样具有同等重要的价值。"企业不断地通过其设计、生产的材料同时将清楚的信息传达给员工与客户双方。所以至关重要的是，一个关于价值的持续、清楚的陈述会在一个企业连贯的运营行为中被反映出来。不能与这些信息有效地吻合会导致贫乏的公司形象并限制市场对公司的认知度。公司能启发对设计管理的理解，在许多领域能从这种公司正面的形象中获益良多，诸如招聘和提升销售率。奥林斯（1990）评价设计能够作为对抗理性的手段在企业和他们的客户之间建立一个情感的联系："举例而言，在主要的金融服务公司的产品，或加油站零售商，或不同的化学公司之间实际上很难分辨出质量的差别。这意味着公司和它们的品牌在情感上而非理性方面的竞争力渐增。公司如果有着强而有力、一贯的、最具吸引力的形象和最好的手段以及明显的识别系统，将能在它的竞争者中胜出。"

设计能在公共服务方面的有用性和在商业方面的作用一样多。设计在延展服务的方式上扮演着重要的角色，并有效地传递更多的信息，设计能：
——提升卫生保健的有效措施。
——通过较好的环境和系统提升教育质量。
——能更有效地进行废物再利用。
——提高公共交通系统的形象和效率。
设计理事会在 2002 年的研究导向询问那些在公共领域的企业是如何看待设计对企业，最终给他们的消费者带来利益（见表 5 ）。

设计是为了什么？　　　　　　　　　　　　　　　　　　　　　　　　　　　　　　　　　　　表5

相应者的比例（在服务方面）

	总计	学习	交通	浪费	健康
设计能在服务方面更好地满足客户需要	76%	79%	80%	75%	68%
设计往往能发展新的产品与服务	65%	57%	73%	73%	64%
设计是一个创意的思维并能预见过程	61%	60%	63%	68%	53%
设计是关于如何看待并呈现服务	54%	52%	54%	67%	47%
设计是一个策略化的商务工具	50%	51%	56%	52%	43%
设计常常提供可触摸的服务	40%	38%	45%	38%	39%

资料来源：特鲁曼，1998。

沃利·奥林斯

奥林斯协同创立了沃尔夫·奥林斯（Wolff Olins）公司任总裁直至1997年，它目前是 Saffron 品牌顾问的主席，他获得了 1999 年 CBE 称号，已被提名为菲利普王子设计师奖，并因其对于设计和市场的贡献获得皇家艺术协会两百周年纪念的金质奖章。

传达核心价值

图1

一个合乎道德规范的有责任的机构如"合作银行"应该在内部员工和其客户之间传递清楚的信息，传达一个清晰、一致的价值观，并与行为保持一致，这是至关重要的。

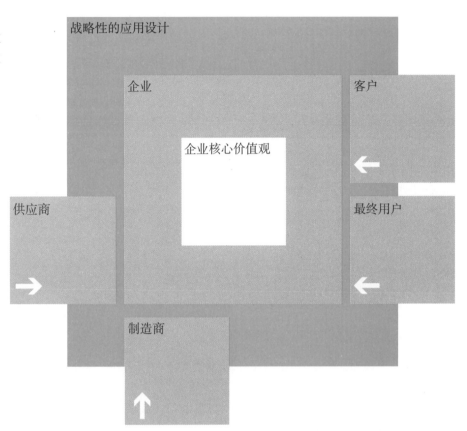

战略性的应用设计

企业

客户

企业核心价值观

供应商

最终用户

制造商

图2

在英国，国家健康服务（NHS）勾画出他们的设计专长，确保持续有效地提供产品，更重要的是服务，而这一切都是通过有系统的设计思想来完成的。

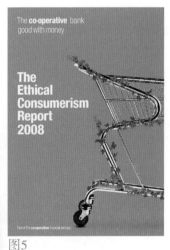

图3

维京通过以客户为中心的思维和来自经验的设计组合已创造了一个固有的并与优雅的旅行经验匹配的设计。

图4

通过"学习环境"的精心设计，在以使用者为中心的教室和授课的阶梯教室开发教育变得更有效果。

图5

合作银行在商业实践上有了一个稳固的合乎规范的保证。

提升的过程

一个定义良好和 NPD 程序的执行是在动态的全球市场中保持竞争优势的先决条件。一个经常被引用的统计数值建议所有未来产品成本的 85% 是由所处时代的设计项目达到创新阶段所决定的。

因此，在产品发展的最初阶段投资于设计是达到成功的基础。即便是花在设计中的成本只是一个小的比例，大部分产品成本已经由设计的后期阶段所决定了。然而，作为对一个产品特有过程的理解，达到这个要求更倾向于从创意到产品利润的思考和行动。

由伦敦商业学校所采纳的一份为设计理事会所做的专业报告估计出英国制造业一年花费在设计和产品开发项目中的金额是 1000 万英镑（1995 年的价格）。它构成了制造业营业额的 2.6%，占据了制造业劳动力的 4.5%[森泰恩斯和沃尔特斯（Sentence and Walters），1997]。在进一步了解设计及其表现后，随后的一份报告总结出这个结果主要是通过对出口量定位的影响得出的，强调设计的公司因其在海外市场拥有较高的销售率而获得了较快的增长。

改善生产

设计是使企业降低生产成本保持竞争力的关键因素。回顾产品设计的第一原则可极大地提高生产效率。通过设计行为，设计能减少在生产过程中的复杂性，引介新的技术或材料以及减少生产时间。为生产的设计概括说明了在一个产品中的设计、生产和商业化概念。

发生在设计阶段的未来产品的成本　　　　　图 1

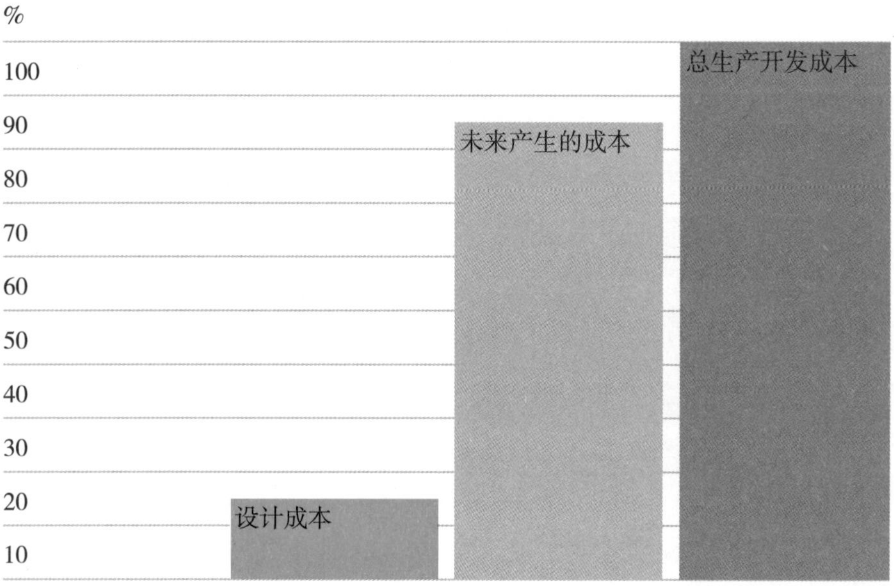

资料来源：设计理事会，1998。

一个普通的产品开发过程　　　　　　　　　　　　　　　　　　　　图 2
开发的关键阶段

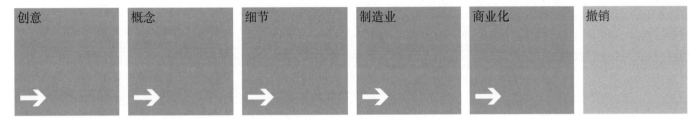

创意　　　概念　　　细节　　　制造业　　　商业化　　　撤销

为一个新产品而产生的创意或者促因也许来自新技术的出现或者市场情报的反馈。

如果切实可行，这个促因被引进到最初的产品概念中，接着通过详实地设计开发，这个概念会进一步地在生产制造中采用（DFM）。

生产之后，产品便成为商业化并进入市场。经过产品的自然商业周期（PLC），这个产品要么被修改，要么被推出市场。由于生产技术的快速发展，产品的淘汰率逐渐增加。

"在整个公共区域内，良好设计的益处被广泛地认知，好的设计和吸引人的工作环境能保留员工并招募新生力量，同时传递出金钱真正的价值。"
托尼·布莱尔（Tony Blair）

新产品开发（NPD）
依靠设立一个法则、设定工作程序和步骤，在适合销售的产品和服务中公司不断地将最初的创意强化。

为可制造性而设计（DFM）
在设计和开发流程系统化的思考，部件加工的便利性以及它们的装配已经全面深入到产品。

产品的生命周期（PLC）
一个新产品从开发到报废所经历的四个阶段:推介期、成长期、成熟期和衰落期。争议围绕着这个议题：在任何可预设的范围产品是否能够再循环。

采访

里歇尔·哈伦

里歇尔·哈伦是伦敦发展广告代理公司的资深设计管理者。进入到设计管理之前她是一名纺织品设计师。她的研究领域集中在小型公司的动力和如何吸收设计知识以催生创新的能力方面。在设计理事会工作期间中她发展了全国范围的小商业支持计划和设计需求，以响应考克斯（Cox）商业创意的回顾（2005）。在 LDA 将设计和商业整合方面仍是以她的角色为中心，在 LDA 她所主持的设计调停方面的工作包括伦敦设计节，制造业咨询服务和设计需求。

设计需求是一种刺激和挑战的首创精神，从商业交战的角度什么是它的核心范畴？

设计需求是商业支持服务中核心的一部分，用以指导提升地区性的经济表现。为主动地完成一个成功的设计项目，为了他们自身的发展，公司开始将设计管理的技巧和程序纳入其中。

你被带入了关注强化设计的影响和利益的工作，以你的经验而言，不熟悉设计重要性的公司的比重有多少？

设计理事会的报告显示在英国平均有25％的商业机构不相信设计在他们的业务中扮演的角色，有1/3的公司不使用设计服务（设计理事会2006）。从我的经验来说大部分的公司经理人或公司拥有者非常了解设计，但仅仅是在他们作为一个消费者或从他们个人生活的角度来看，要做出购买决定的时候他们会考虑这个。而将设计转化进他们的业务中要更困难些，尤其是那些没有消费者面对商品和处于B2B市场的情况下，这些公司决策人很难想象他们作为一个消费者来购买一个特别的商品和服务的体验。在很多生意中，设计被指定到了市场和单行项目中，如网络和再包装。以这样狭隘的观点看待设计意味着品牌、产品和服务很难与未来的发展相一致。

不同于其他的商业度量，你在说服设计在商业中所具有的价值方面运用了什么样的度量？

最低限度的影响是很难说明白的，而且很难片面地来看待这个优势。设计是一个成功的企业中综合因素的一部分，其作用也日益重要，能给一个企业带来荣誉感，能让员工心甘情愿地留在公司而避免不当的人员流失，提升品牌忠诚度和凸显企业的社会责任感。

设计需求强调了在工作室中去发现设计的收益，这该如何去做？

工作室的设置是以设计体验为主而非仅仅是做教学研习的角色。在这里经理们在与他们的专家和同行的商业活动中识别和讨论设计的各种机会。工作室的工具诸如"火柴盒"在特定的商业项目中被用来鼓励争论探讨，或者与同行们发现解决方案。火柴盒的依据是一种提议，在这个提议中设计可以贯穿整个商业行为并帮助企业实现策略目标或者挑战。

你提出的这些技巧和方法被设计理事会采纳并发展用以引发设计作为一种决策手段的决定，你能再详细说明下吗？

其核心是国家设计需求计划模式被设计理事会发展成一种手段用以帮助指导设计专家和客户的沟通。对任何一个成功的项目或任何超越语言的手段而言，传达是关键，是这些体验的入口。举例而言，普遍的工作框架是与经典的商业审计工具相反的，没有复选栏，范畴，标准或复查基准线。尽管这些目标具有相似性，在诊断和优先排序方面，这个工作框架会更加灵活。一个具有代表性的工作框架对于一个设计协会是很便利的，它只需要和相关股东以及至少三个资深的经理花半天时间就能理顺。轻松地遵循这个工作思路，指导团队在围绕着产品、服务、品牌、团队和消费者一系列开放性的问题上识别商业中的应优先考虑的关键点。答案被附着在A1图表的注解中，便于在整个项目中展示和上传。正如在为团队和个体之间的动态提供了一个深刻的见解一样，这个工作程序在相关的背景信息中就如同走了一条捷径。与传统的理论相反，有了一个资深的管理支持，就易于识别及优先考虑设计机会。

从典型的商业起步的角度，尤其是在预算紧张的情况下，使用设计的时候你会优先考虑的事情是什么？你会从哪里入手？

对于一个刚起步的生意来说，从产品和服务的最初配置接下来在竞争环节、突出公司正确的价值上和在销售概念给投资者的一些案例上，设计都是至关重要的。不走运的是在商业这个阶段，通常可利用的资源与公司未来的发展并不相符。应优先考虑在更有创意的方式上评估设计技巧，即具有权威背景的或授权设计师与设计大学的学生一起工作，或者由当地的开发代理商提供巨大的支持。除了记得不要以关注你的设计决策是否是最廉价来作为基本依据外，总是要确保你前期准确地了解成本的增高。销售下降的时候你将结束支付成本。

当你为熟悉的生意提供设计的时候，你通常会用什么更得心应手的工具或协调手段？

面对一个客户更多的设计实际经验是你要关注他们整体的商业策略，而不仅仅是将注意力集中在单个的项目上。但是设计的这种形态具有更少的可见性——即一个新生意的再设计过程、结构和策略。大公司也许对设计更为熟悉，除了做决策的时候面对每一个挑战，还要在贯穿于不同的部门和水平上符合设计流程，为一个大的业务规划出消耗的时间（这具有很大的影响，在设计中花费一天，做为一个SWOT策略分析类型，将更为方便地在专业领域引导设计师）。

不仅你与私人的部门工作，现在你也与公共部门工作，这二者之间有什么相同和不同之处？

考克斯访谈将设计带到了商业政策的最前沿，随后在国家范围内的小商业中使建立设计需求成为可能，并且展示出在每日的商业化策略中能将设计整合其中。政策制定者很清楚在满足公共服务再设计和围绕着人民生活方式的需求上，让设计来连接不相关联的学科，即就建筑、产品设计、室内设计，需要一个更广泛的设计观点展示出真正的影响，例如：在建筑学校是为了将来能设计出可持续性的建筑物设立课程内容和它所从属的范畴一样。

你有什么需要补充的吗？例如我们不曾谈及但你认为很重要的？

设计管理为设计带来了新的挑战，这真是一个非常激动人心的时代。对于更多创意方法的需求，尤其是在公共领域已经在设计理论上有了更新的观点，试着拥抱未曾显示出来的机遇或者对它怀抱热望，显示出设计如何参与在企业管理过程中成为解决方案的一部分。

"一个客户就意味着一种设计理解，你需要在一个整体的策略层面关注更多的机会，而不仅仅考虑单个的项目。"
里歇尔·哈伦

量化收益

在一个企业中设计可量化的收益是值得考虑并普遍
被理解的。通过设计理事会及相关企业与产业伙伴
不断地研究与合作，正唤起这种意识，即设计能为
企业带来重要影响。

设计的价值

图1

一个活跃的企业具有 5 个关键的领域，
在这些领域设计能产生重要影响。

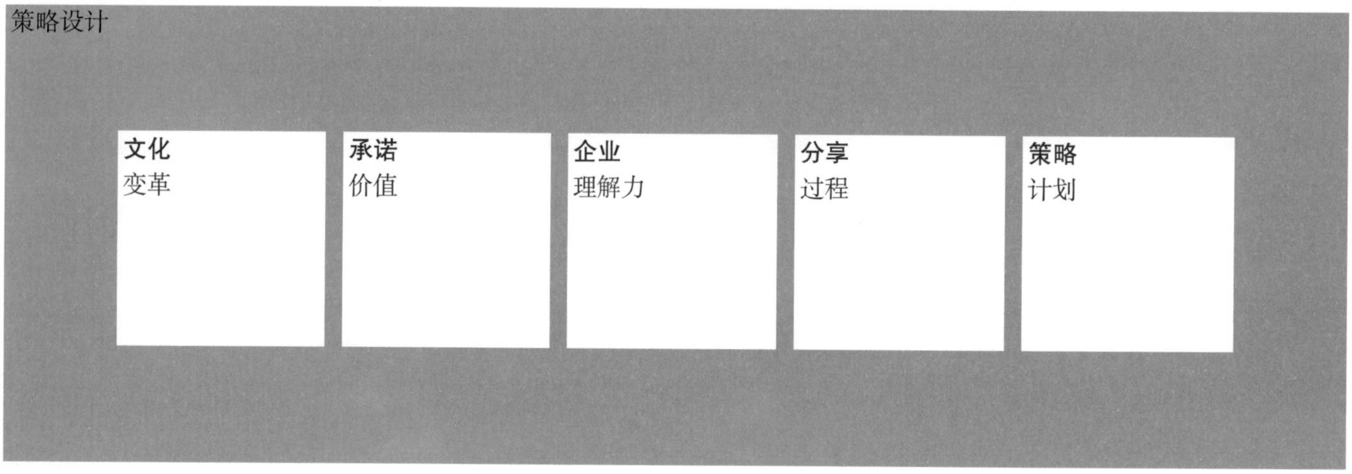

策略设计

文化 变革	承诺 价值	企业 理解力	分享 过程	策略 计划

这个趋势暗示着设计的专业技能在以竞争和成长为目的的全球市场内也许是特别地关键。设计师可以想象、塑形并表现出新的革命性产品以及将品牌形象化，但是设计要与公司的策略及核心竞争力相匹配和一致。

认真关注设计和它的有效化管理能帮助创新的产品及服务的发展。通过品牌价值和企业识别的提高；设计能力的提高、利用新技术制造产品这些方面来强化公司形象。然而，同等地，设计已经强化了"软"收益，这是很难界定和量化的。在一个较宽泛的企业语境中审视和理解设计的时候，它本身的价值和能量在变革中是值得考虑的。

在为设计理事会所作的研究中，布鲁内尔（Brunel）学院和英格兰中央大学（1998）调查以设计为主导在斯切姆（Schemes）公司的影响（通常以知识转化为合作关系著称）。在企业活力中他们区分出设计在 5 个部分产生重要贡献。
——过程：一段可分享的旅程
——企业：理解力的再思考
——策略：未来的规划
——文化：转换的行为
——承诺：价值化设计

通过增强和融入设计，研究显示出 5 个关键因素，这些因素中设计通常是有区别的，并引发了值得关注的影响。从整体来看，设计具有变革的属性会改变企业的特质。

"管理需要确保创意的促进作用是它特有的目标之一。"
库珀和普雷斯

新产品开发的关键
开发一个新产品最初的创意和动力既来自外部的资源也来自企业内部。

图 2

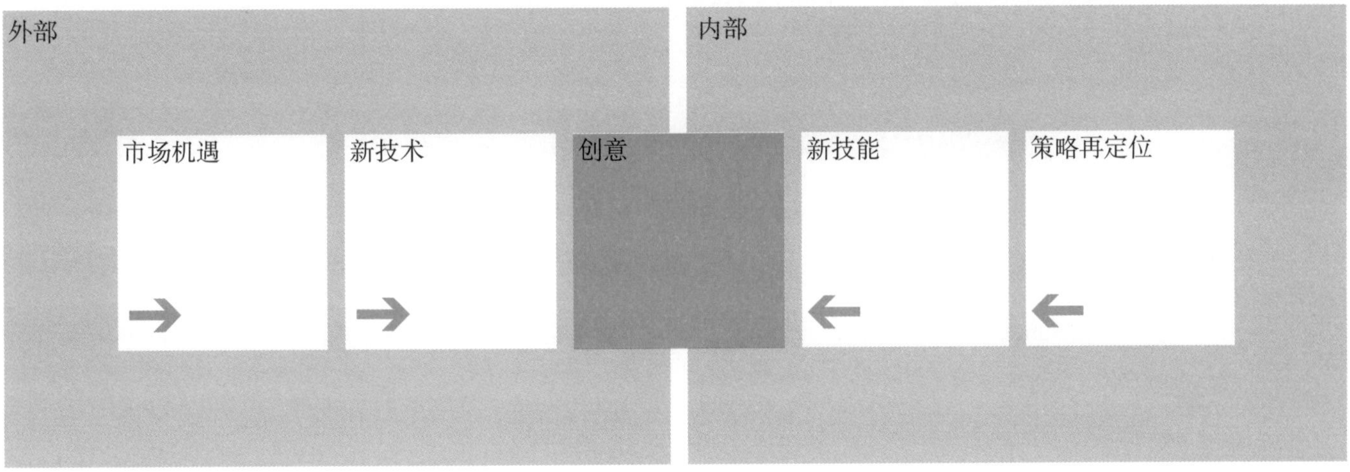

外部			内部	
市场机遇 →	新技术 →	创意	新技能 ←	策略再定位 ←

过程：一段被分享的进程

普遍认同的是公司和企业具有不同的规模，从小型到中型、大型以及雇佣上千雇员的跨国经营的企业都曾无一例外地会忽略在企业中实施设计的组织能力。或者，正如常见的案例，企业在雇佣设计师协同工作以开发他们完全的创造力的时候可能会遇到很多问题。一个长期的问题是关于设计的定义。设计可能会引致意义模糊，是因为设计所表达的含义往往不止一个。通常很遗憾的是，设计往往被看做是一种风格或外在的表现，一种普遍的观点认为设计表现在产品开发或计划上的内容并没有什么太大的区别。然而，设计的一种更恰当和更广泛的意义是，如同美学和跨学科的技能一样，它也是一项技能。这项技能既涉及精神理念也包括了未来形式的可视性设想和以产业化或福利为目的的人工制品的外形表现（沃尔什等，1992）。

就这一点比吉特·杰夫纳克教授（Birgit Jevnaker）进一步评论并建议"设计和创新作为创造物价值的驱动力是一个至关重要的主旨，它能使创造力形象化。这个目的正日益凸显或使新事物更加不同凡响。"

设计的过程如同一段旅程，在开始的最初阶段，这段旅程有一个大致的方向和能确保成功的特别侧重点的思考。从最初产生创意的促因——在市场阶段有一个差距，或者新技术的发展引导现存产品**不断地改造**——经过新产品彻底地发展，这个过程伴随着产品失败和冒险的可能性。在这样一个高风险的情形下，开发一个新产品的过程成为分享知识、专业技能和想象力的相互依赖的实践。设计的过程是一个综合的、互动的、以及常常被阻挠的旅程，这个旅程中需要常常在投资人的期望值、经济的限制、企业的竞争和相互的价值之间进行平衡。

它要求融入很多内容，各种专业知识，经常相矛盾的元素，每一个都有着他们各自的视角和限制。这是设计师的中心，设计师管理和平衡着产品开发的每一个阶段的预期目标，通常是依赖直觉和将概念付诸商业化的经验来进行的。这在很大程度上意味着设计的组织观和终极策略的重要性。**利斯贝思·斯文格伦·霍尔姆教授**（Lisbeth Svengren Holm1995）进一步阐明这种观点，表明设计不仅仅是一种方法。设计也是一种面向冒险的实践活动的观点，它意味着这种行为是基于经验最大化而不是冒险最小化。

本质上，这表明设计的管理是一项挑战，承担环境及其实际对象。在应用技巧的管理水平上，必须对其他因素有一个认识，这些因素影响着设计管理者在吸收和应用企业活动各个方面的信息的能力。

在企业中设计的角色经常渗透于各部门的分支机构。　　　　　　　　　　图1

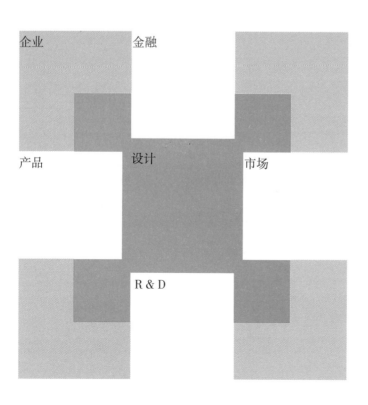

作为设计的结果和它跨越企业机构的过程，部门的功能和企业管理领域会朝向共同的目标团结一致。正是通过这个共享新产品开发过程的所有权，对企业来说设计具有了意义和真正的价值。

通过创造物的价值和在企业中提高意识，设计成为了策略的资产，具有竞争优势和特色的一个有价值的工具。在经验累积丰富的水平，设计提升了理解力，同样也提高了这种展望未来的能力和致力于长期成长的眼界的能力。普雷斯和库珀（2003）概括了这种观点："随着我们社会复杂程度的增加，也更需要由设计师来诠释我们与物质世界的关系。然而，设计师不是在孤身奋战，企业也需要建立一个围绕着设计思想的核心技术。"

"设计是链接创新与创意的媒介。它将创意塑形，为用户和消费者创造出可行和颇具吸引力的形式，设计可以被看做是为一个特定的结果施展创造力的部署。"
乔治·考克斯爵士（Sir George Cox）

设计和市场界面–在设计的过程中转化市场情报　　　　　　　　　　　　　　图2

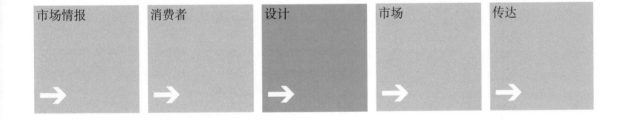

| 市场情报 | 消费者 | 设计 | 市场 | 传达 |

比吉特·杰夫纳克（Birgit Jevnaker）
杰夫纳克是挪威管理学院创新与经济管理系的副教授，她关注优胜的设计如何影响和提高企业策略的论点。

递增的更改
为一个现存的产品所做的小的改变以保持产品在消费者眼中的新鲜感。

利斯贝思·斯文格伦·霍尔姆（Lisbeth Svengren Holm）
利斯贝思·斯文格伦·霍尔姆是斯德哥尔摩大学商业学院的副教授，她也主持了瑞典兰德大学设计科学系的利斯·迈特纳（Lise Meitner）教授联盟。

设计管理的可视化
与价值

机构：理解力的再思考

在组织中的策略层面上利用设计能获得长期的利益。如果我们进一步调查设计能提供什么，会发现它在以下几方面的作用：
——将创意赋予形式的能力
——商业运作过程的再思考
——新商业策略的开发

首先，设计能以全新的，通常是积极的思考方式进入商业活动的一个新领域。然而，为了达到这一点，设计需要被恰当地组织并与企业匹配。如果这样它能提供长期的利益，为创新的发展提供战略机遇，增加新产品，通过再设计提高现存产品和服务在市场上的吸引力。从过程层面来看，设计的角色能帮助提供不同的制造方法，并节约成本，在材料和物资供应上合乎经济学原理。此外，从整体的角度采纳运用设计既能节约时间也能节约劳动力成本，最终确保了企业获益。

内部设计
一个致力于内部设计的机构是企业活力的核心，管理着新产品的开发和最终的成功。

图1

市场划分
基于年龄、性别和家庭规模等因素区别市场受众群的划分方式，也以"人口统计学划分法"著称。

设计指导 　设计变革 　设计倡导 　设计联盟

最终，经过与市场持续和审慎的沟通，能智慧地、具有创意地管理来自市场的信息，帮助设计师为特定的**市场划分**需求，在饱和的市场中为最终用户提供令人心仪的设计产品与服务。

通过改变设计管理的性质以便适应经济的易变，或者商业上的需要，其影响在商业策略的影响日渐突出。内奥米·戈尔尼克（Naomi Gornick）（2006）教授精彩地概述了发展中的设计管理的价值："企业的设计管理正在稳固地进步，其设计的个性化也在一年年的增强，设计管理的思维从一个传统的、稳妥型、科学化的框架转向创意性和个性化的更加灵活的形式，在这一过程的进步中，我们也看到了有很多困难存在。"

对外咨询
外部设计顾问主要从事以短期项目为基本主导的方式。

图2

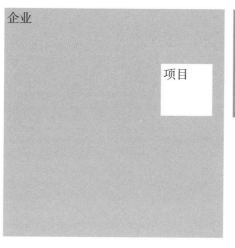

内部设计
在企业内部建立的一个设计团队或部门。

企业是否会拥有内部设计的功能呢？长期以来一直就对外部设计的咨询功能和**内部设计**性质的专业化争论不休。争论的内容会在随后的章节中披露，但是现在，让我们调查一下围绕争论的关键因素，是否其中一种惯例比另一种更具有优势。大家普遍认同三种惯例有助于设计的提升。首先是建立内部设计的联盟；其次，雇佣外部的设计顾问作为短期发展的基础；第三，是前二者的综合。所有的这些方法都同样有效，虽然选择最恰当的意见是一个综合的问题而且常常也是令人困惑的过程。

让我们聚焦创意或者将内部设计的联盟以及它能提供的益处扩大化。在一个小公司的环境（通常是以设计为导向的商业），值得考虑的是内部设计通过日复一日贯穿其商业活动中的每一个方面而获益。

对于产品或服务以及生产的特别手段、技术的发展和市场的熟悉能提供经济的利益和使商业中的成本更有效，使公司所有部门更能拉近工作关系和进行有效沟通，这将使产品失败的风险降到最低。

现在我们将讨论使用外部设计的角色和获益。外面的顾问能为公司提供直接和间接的利益；然而，问题可能会出在寻求最恰当的咨询和简略的设计构想的过程中。最近的证据显示，外面的设计顾问能为长期存在、复杂的问题提供新鲜的思想和创意，这些问题在内部设计中就会被不经意忽略掉，一方面由于太熟悉，另一方由于自我满足，或者二者兼而有之。从短期来说，外面的顾问可以开始一个"无论是以什么方式和在什么时候"为基础，引进提供额外的专业技能，用新的思路对产品进行开发。

内部设计和引进外部设计的混合通常被看做为"第三种方式"。当一个相关的项目所需的知识和技能不足的时候，或为了在规定的预算内、及时完成一个项目需要进一步寻求辅助，这条途径也许是很合适的。

考虑到平衡差异性的困难和经常需要复杂的设计方式，玛格丽特·布鲁斯（Margaret Bruce 1998）教授提供了一些有趣的建议：将公司内部设计和外部设计专业技能结合起来或许能克服一些问题并在每种情境下找到积极的内容。然而，将内部设计和外部专业设计整合在一起必须小心地管理以确保这两种方式协调工作。这个方式潜存的担忧就是丧失商业信息的敏感度，并且需要建立一个相互信任和开放的关系，这二者的问题显得尤为尖锐。

能被认同的是设计可能会带来一些激进的、经常被误导的机会，允许企业重组和再思考它的商业操作模式，努力构筑合作伙伴和联盟关系。每一种提升设计的途径可以带给企业许多战略收益，当然，每种途径都有它自身的缺陷，但是当权衡长远的目标，如果可以增加价值的话，这种冒险便值得去经营和管理。一个企业如何去选择更恰当的方式提升设计？他们如何平衡短期获益和长远目标之间的问题？企业必须作出一些长远的有意义的决定。然而我们能够认同成功的途径依赖于我们如何看待、评估和理解设计。当这些所有的因素被重视的时候，所要探讨的就是设计能为企业发展增加价值，展望新的机会，提供新的途径。

第三种方式　　　　　　　　　　　　　　　　　　　　　　　　　　　图3
这是指为完成一个高端、复杂的设计项目，内部设计功能需要一个外部的设计顾问提供专业的知识技能。通常，这种关系是短期的，最终项目的责任取决于内部设计管理。

企业

项目

内部设计设施

外部设计咨询

外部设计

战略：未来的规划

战略能被看作是深层次逻辑下的系列决定，这些决定在设计策略的语境下创造未来，如果这样看，这个定义并未被超越。设计师被看作是发展战略的无名英雄。他们在尽力开发产品的过程中探索、实验并坚持。设计师固有的能力是开发形式和功能并坚持每一个可能性，这一切都将为产品成长的最终策略和探索市场有效地带来新途径。增加现存和即将开发的新产品的价值来自于通过吸取企业其他部门的专业知识，从不同的、非传统的智慧中吸取养分，综合运用并致力于蓝天思维和开发新的设计概念。

从本质上讲，设计要具有感情，以用户为导向，理解并接近他们的思维，并评估他们的思想。设计师要以主导地位去研究用户语境下的产品，使用直觉力和过去的经验来理解手边的问题，并找到创意性的解决方案，克服这些问题。

虽然这是一个漫长和重复的过程，平衡与包容成为了至上的原则。如何去平衡一个投资收益人和其他收益人的需求之间的矛盾呢？在贯穿设计发展的过程中，设计师必须以固有的直觉力和系列技术的敏感度来理解不同方面的意见。然而，这点最核心的问题是在评估和衡量每一个设计解决方案价值的时候所具备的灵活多变的能力。每一个解决方案度提供了包容和探索每一个机会的各种切入点。相反的，每一个解决方案对企业进一步的成长可能是一个错过的机会。那么在动态多变的设计战略上设计师能提供些什么？答案可能会是无止境的。但是值得讨论要点包含了以下五个方面：

—— 设计"直觉"：设计师和更为重要的设计管理者们为推荐新产品不断寻找高端、复杂的市场，直觉和经验对于这唯一的、高价值的战略发展而言是关键的因素。

—— 设计"民主"：经过包容所有关键的利益相关者及减少失败的冒险程度，新产品的失败会一直存在，但通过对新产品发展的包容和倾注感情，失败的可能性是能克服和改变的，经常是通过以下方式改进的，细腻的沟通，倾听，理解和观察。

—— 设计"相异"：从一个宽广和神秘的视角理解问题。设计师不会只从一个维度看待问题，在他们通过全方位的角度和直觉去探索问题的时候他们往往是多视角的，全面的。这种观察并理解问题的方式得到高度重视并令人羡慕，也往往为最初和新的商业机会带来基本的、挑战性的解决方案。

理解设计　　　　　　　　　　　　　　　　图 1
对设想新产品和进一步的服务的核心，设计师是关键，在他们理解并表达设计的方式上是具有本质的，用户为中心的感情特点的。

设计理解力	运用的语境	最终用户	产品／服务
→	→	→	

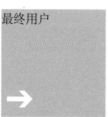

蓝天思维
从一个宽广的视角看待问题并提供创新的解决方案。

利益相关者
在设计、研发、制造、配送及产品使用方面，任何具有重要影响力的组织（公司内部和外部的）。

—— 设计"欲求"：在解决问题的过程中激情和承受完成设计概要的挑战是非常重要的。依赖于跨领域和从其他学科领域寻求专业人士的知识，这种综合的知识和经验会解决问题并引导一个全面的解决方案。

—— 设计"分离"：设计师在混乱和不确定性中能茁壮成长并崭露头角。他们就其探讨在产品生产过程中增加创意的启迪和驱动力。然而，中级管理要求秩序、明确性和一致性；这种张力和创意动态建立了一个创造性的平衡，为进步的产生提供了一个更宽泛的语境边际。

图 2

诺基亚审慎地整合设计与创新，以确保他们的产品和服务在技术发展中处于前沿位置。

图 3

IDEO 建立于美国加利福尼亚州帕洛阿尔托市（Palo Alto），在世界上是一家值得尊敬和被效仿的设计顾问公司，经他们之手生产出了许多家喻户晓的日用产品。

图 4

橘子公司（Orange）对设计有着老练的理解，并善用此道，为它的客户有效地表达出产品与服务的益处。

图 5

苹果是优秀设计的同义词，它的许多产品和服务在连续不断的基础上进行着彻底的变革。

文化：转换行为

设计可以被看作是非常微妙的"变革推动者"，通过每种交流，每一个手势都有能力改变着根深蒂固的观念。当在企业内部构筑创新活动的时候，创造力和创意的变革是至关重要的。在非常知名的美国设计代理公司 IDEO 萨顿 & 凯利（Sutton & Kelly1997）描述了文化与创意方法是什么。

创意工作并非是与世隔绝的，设计师们在工作的时候，客户、记者、学生和研究者们可以访问公司。通常，与一个权威者工作会增加焦虑并降低创作能力。在 IDEO 是以一种积极的方式在工作。IDEO 有着特别的企业创意文化，一些公司甚至派遣他们的设计师进驻 IDEO 6 周时间了解他们的文化以便于提升他们自己的产品开发的技术 [戈奇（Gotzsch），1999]。这样一个企业在设计师们开放和自由的创造力中能获得怎样的认知啊？

阿尔文·托夫勒（Alvin Toffler）（1991）认真地总结了这种困难和综合的问题："……自由的工作比那些在监督者极权主义条件下的工作往往更具创造力。"创新的需求鼓励了这种工作自主权。它也完全暗示出雇主与雇员之间完全不同的权力。库珀与普雷斯（1995）综合了这种观点，他们探讨到"这很明确并不意味着创意与管理目标是不可调和的。而恰恰是管理需要推动创意成为它特别的目标之一。"设计管理实际上是达到此目的的方式之一。

如果我们再仔细地关注，就会越来越清楚地发现"创造力"并非天才个人灵感的闪现，而是更多智慧的管理和对承担风险的环境的管理以及对知识自由化的管理。里卡德斯&莫杰（Rickards & Moger）（1999）强调了创意的领导力，他们提及了创意领导人的四大明显的特征：他们相信"双赢"；他们具有领导者的风格，既能激发灵感，又能授权完成；能开发鼓励小组成员解决问题的技术与战略；使个人的需求与团队的责任和手边的工作保持一致。

总结如下：这说明了欲求在创新活动中是处于非常核心的位置。设计师同时将企业活动中的差别之处在产品开发的过程中赋予了共同的意识。为达到此目标，设计师利用固有的技巧将其视觉化并传达出不同的专业语言，将这种知识组织并融合进创意活动中。设计是一种不断挑战现存产品价值的核心竞争，努力更新并提供现存问题的解决方案，使其更具活力。

"设计所扮演的角色不仅是创建一个成功的用户体验，尤其是在诸如公共交通这样的服务领域，而且用以促进服务的管理和传递影响用户的行为。"
艾利森·普伦迪维尔博士（Dr Alison Prendiville）

保证：重视设计

作为策略的价值如果不是绝对充裕，即便有其自身的策略、过程、企业和文化，最终没有从董事会得到保证，设计也是无能为力的。设计理事会已有多年对关键决定人和经过衡量资深公司员工的各个方面对他们提升设计价值的行为。我们看那些难以置信的成功的国际品牌和产品，对于信任涉及价值的资深CEO们和创意总监，诸如乔纳森·伊夫（苹果公司副总裁）、克里夫·格林耶（法国电信橘子公司的设计总监），以及比尔·赛门（诺基亚多媒体设计副总裁），这些是司空见惯的理论。

没有这些引领设计的具体实例，谁能预言长久的成功和一个企业获得利润的能力，以及思考他们面临的巨大的竞争？

然而，我们的思路从企业已经获得的实体的经济利益中移开，让我们进一步关注其他方面，如由于提升设计所获得的软性利益。苹果公司已经拥有稳固的客户忠诚度。这个品牌和它的核心价值传达出它的最终意象非常本质的东西——生产和制造技术引导了产品和服务使之处于先锋位置。设计是企业活动和思想的每一方面的核心，几乎处于意识层面的分子水平。凭借始终如一和较强的理解力运用设计的保证——不仅仅从产品和服务的角度，而且也从思维、传达、和行为的角度——企业会不断地取得市场优越性并广泛地获得尊重。如果我们看其他企业操作和规模的结果，如希望（Hope）技术公司，位于英国的约克郡（Yorkshire），恰如其分地强调了设计的增值。它设计、生产和制造了自行车的专家预订部分，其生产的自行车遍及专业领域而备受推崇。

通过如下方面智慧地运用设计能减少产品生产和制造成本，如通过借鉴专家的专业知识，通过运用连锁供应和网络拓展。如同苹果公司所展示的设计能提高和保持消费者的忠诚度。苹果公司通过企业不断致力于设计中的功能和特征的差异为客户提供明确的利益。在传达公司的价值和设计的软性的利益方面，联合银行确保了投资者的钱被明智地投资和运用并反响迅速。他们的价值在历史上是根深蒂固的，而且通过设计的手段和方法灵敏地驾驭设计，使之传达出道德的价值。

证据是令人信服的，这些能够驾驭设计的公司在动乱中幸存并得以繁荣，在市场中具有了高度的竞争力。这些信息是清晰的：这是低风险的投资，如果有效运用，它将带来可观的利益。

"围绕着设计思维，企业需要建构核心技术。"
库珀和普雷斯

访谈
艾利森·普伦迪维尔博士

艾利森·普伦迪维尔博士是东伦敦大学产品设计层面的语境和商业化研究的资深讲师。她的兴趣点是为学生讲授如何就今天迅速进化的经济中的背景问题提高意识。另外她还是一名产品设计中心研究团队的一名活跃的成员。她的研究活动已经聚焦于释放城市大规模运输的设计服务（并为这个背景问题的角色定性），研究关于基于 EU 项目的特征，内部特征和内部交换（MIMIC）；检测运输系统内部交换的关卡比较与无限制性。

为什么许多企业因为不清楚设计的价值而不能充分利用设计，其原因是什么？就设计的重要性你有什么建议给他们？

就我的经验而言，一个明显的情况就是设计的价值其实很难被量化，尤其是在那些以工程主导的领域。同样，在许多其他的商业领域，处于商业管理过程的关键阶段，设计往往被粗浅地看待。设计仅仅被当作是"锦上添花"的事情，一种风格化的手段而已，被看做是孤立的活动。设计需要被整合进企业的文化中，日复一日中不仅帮助作出促进市场或者符合品牌价值的决定，而且在更宽泛的战略角色中更具功能化。无论是在设计能识别未来趋势，还是指导企业目标或者是促进企业改变等方面，在公司战略中引进设计思维将为设计促进企业带来更多能量。设计的本质常常被当做是为平衡与需求的冲突所作的决定，并有能力解决复杂的，涉及的不同学科的问题，这意味着在商业实践中设计有着更宽广的用途。

你说起设计的过程与一段旅程是相似的，在这段旅程中你所认为的最重要的部分是什么？

在回答这个问题的时候我最初的印象是要强调任何创意活动的调研阶段，它是否能通过设计合理化地解决，以及设计的信条，成本，时间的限制；在"某处"的逻辑性。然而，进一步深思，设计的过程最重要的部分就在探索的过程，提炼，思路的开发，新的可能性的开拓；这段旅程会随着许多的不同专业间的交流而多次停下来，同样最好的旅程是会随着有一个结果而完整，这个结果本身就是旅程的象征，也是一个对于恰如其分的决定和可断言的结果的评估。设计是一个互动的过程，这个过程也是旅程中每一个重要阶段的相互依赖。一个人不能孤立地认识每一个方面，如同在一段真正的旅途中会有很多有趣的事情发生，但是到达目的地才是最根本的目的。

你如何看待长期的设计的利益，尤其在今天竞争尤为激烈的市场上？

设计为一个企业带来可能有形或者无形的证据，建立品牌属性或者为消费者提供不同的产品和服务。从长远来看，设计的整合创立了品牌价值，这成为了公司市场定位的中心；设计和产品及服务的革新成为了公司质量的象征。例如，来自弗里茨·汉森（Fritz Hansen）的新产品被预期和要求反映出有品质的公司文化和他们设计典范的声誉，如蛋与天鹅椅，因其材质，比例和形式而成为永恒的、具有历史意义的设计。企业日益增加了运用设计的策略以完成新任务和进行更多责重大的商业实践活动，这也是被作为运用市场的工具。马克思与斯潘塞(Marks and Spencer)和他们的A计划意欲到2012年制定中和碳生意，这个计划正运用设计制定在零售业持续发展的基准。在所有的例子中显示，当一个企业创立了一个独有的设计文化，作为企业目标的一部分，企业正为自身提供了一个伟大的力量参与竞争并维持它的竞争优势，而不是仅仅依靠削减价格和成本保持实力进行竞争。

据说设计管理有能力使企业根本变革并再思考商业惯例。就此您有什么特别的看法吗？

是的，只要拥有董事会的支持并在整个公司中积极参与组建，设计管理就会在使公司重新思考他们的商业方面扮演一个关键角色。设计管理是企业的商业和设计的桥梁，并最大限度地完成公司目标。这已经从较早的案例中得到了历史性的证明，如韦奇伍德（Wedgwood）使用品牌产品革新为竞争优势，再如同时代的公司麦当劳从快餐业迅速转型到现代健康休闲咖啡，如 AA 将自身再定位为第四大紧急事务服务公司。

你认为设计师如何有益于商业战略？你认为他们的贡献是有价值的吗？

设计师对于一个商业战略思维而言是必要的，这是因为他们能跨越不同的学科，有识别问题的潜力并能看到机会。他们能将常常是有间隔的商业实践领域联在一起工作并思考。举例而言，设计师借助设计产品和服务中需要做的调查和成本节约而将金融方面的内容和商业税收妥帖地与市场结合以打入新市场并回应消费者的需求。然而，对于设计师来说理解并感激在商业中作为变革的催化剂，他们扮演的这个戏路较宽的角色是很有必要的。不幸的是很多设计课程作为个人创意思维的训练而只聚焦于创意过程，而不能将他们置于社会化和商业化的语境中。因此，一些对他们的角色持有狭隘观点的设计师也会对他们置身其中的企业产生不良影响。

设计师经常能从不同的视点看到问题和潜在的机会，你认为这是在战略发展中独一无二的技巧吗？

在跨多学科的方式上设计是理想的培训中心，能鼓励创意思维如同鼓励解决问题一样。事实是设计是一项广泛的活动，这项活动带来不同的学科及专业手段，设计师经常被要求以创意进行工作，某些创意点子也许是比较艰辛，也许还会引致其他商业管理领域的冲突。然而，尽管如此，我认为这个技巧对设计师来说是很普遍的，并不是独一无二的。设计是公司能强有力地表达形象、品牌价值和企业目标的一种手段，而且通过协作，机遇和从其他商业管理规律中投入公司战略，通过设计管理，企业应该创建一种它所信奉的文化。

帕洛阿尔托市的 IDEO 公司在促进创意环境到支持创新活动方面是众所周知的，你能提供一些其他的精彩案例吗？

对于我来说希拉里科塔姆（Hilary Cottam）是一个促进创意环境的例子之一，她将设计应用到公共领域的广阔环境中，如学校，地方政府，交通，健康中心和监狱。其方法普遍被用于解决问题，在设计过程中探索用户行为和原型，设计过程被较宽地应用于社会环境中，在解决社会问题的过程中为公民、用户理解和应用。这种方式是跨多学科的，依赖于设计师、政策制定者和社会科学家。将设计远离输出的概念和商品，而将它纳入到设计的、有影响力的社会关系及网络中，同时提供这些范本的原型和测试这才是独一无二的。

许多全球成功的品牌已经完全得到了董事会支持设计的承诺，对此你有什么好的例子吗？

虽然不能马上想起一个全球品牌，但我感觉伦敦交通（TFL）作为案例还是比较符合这个问题的，它作为一个权威战略机构成立于 2000 年 7 月，主要监督伦敦交通的状况。所有不同交通要素的协调，这些组成伦敦交通系统的元素从牡蛎卡到车站的标识系统的设计，再到已整合的条理清楚的服务系统，都运用了 20世纪最具象征意义的符号，使得伦敦的交通体系成为世界上最易于识别的交通系统之一。弗兰克·皮克（Frank Pick）20 世纪 20 年代作为伦敦乘客交通委员会的总裁，面临在非常复杂的企业情况下交付设计，当时企业也要求一切都符合经济利益并获得管理者的支持（Forty 1995）。以同样的方式，英尼斯·弗格森（Innes Ferguson）作为 TFL 团队的设计经理人，如今证明了设计如何被策略化地运用并得到大伦敦官方权威们的支持，创建了具有凝聚力的团队，帮助促进了世界上最老和最大的交通系统的运营，并且也非常符合经济效益的结果。

传达意象

为了让设计能被企业更广泛地理解和接受，它通常
要求一个关键的个体或者"拥护者"驱动向前。一
些企业有一个拥护者来提升公司内外的价值，另外
一些已经拥有一个强有力的较好的设计基础，它们
通过完全的商业模式来传达设计的意象。这一节解
释了设计拥护者的特性。

图 1 和图 2
斯特凡诺·马尔扎诺（Stefano Marzano）
是飞利浦（Philips）设计的 CEO 和创意
总监，在飞利浦公司一直力推设计，生
产出了一些时下为人认可推崇的新型的
家用产品。

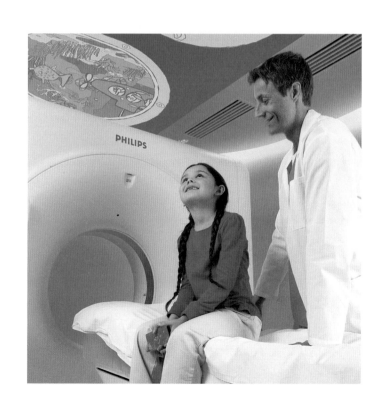

设计支持

普遍认同的是最成功的商业进程需要好的、具远见卓识的领导者，而设计也不例外。当试图明确有想象力的设计支持的关键特性，有两个问题很快浮出水面，第一个是"影响"，第二个是"意图"。通过商业化活动的所有领域扩大影响对于一个支持者是最优先考虑的事情。而设计的价值和收益是对较广泛的不同受众群持续不断地说服沟通的过程。这个可能涉及对新产品创新的潜在发展，顶级品牌的发展与连锁合作伙伴沟通。其次，"意图"是不断确保核心价值的整合或本质，这点贯穿设计开发之后的阶段而不会被削弱。从某种意义上，这与具有保护性的家长确保他们的孩子在游乐场上不会被欺负相类似。在单独生产和制造的阶段中如果有人看到大量的明显的问题，维护设计的意图就变得很更要。

个体与设计

试着理解设计支持的本质提出了一个难题；通常这些个体在过程与随后的生产中是创新活动的资源，然而企业结构强调秩序和遵守每日实践中指示的方法。当设计支持部门坚持他们的独特性，创新的魔力时刻就出现了，从企业公认的普遍性中脱颖而出，形成新颖的表现，将设计项目提升到一个新境界。我们所看到的同时代的商业实践对设计和创新而言是个体重要性的显现。设计支持需要权利和权威来克服企业的阻力以挑战传统。一些企业参与了设计支持者的角色来驱动新的项目通过也许会偶然遇到的系统化和程序化的范畴。在这样的公司，一个精英的执行力是相当普通的，如同工程师的小团队，设计师，市场人员和其他指定到特别项目中的人一样。另外的企业也许愿意运用更浅显易懂的

基本方法，也许会在许多的项目中建立一个或更大的团队。个体也许会根据他们所拥有的特别技术在这些项目中来去自由。然而，无论如何企业的结构是需要有适应性，有强而有力的领导和管理。我们都认同所有经理人是勇敢面对挑战的，这一点没人比设计管理人更胜任；如果挑战从不曾发生那么就不会有对设计经理人的需求。如果市场是静止的，或者可预测的，就没有人需要对产品和服务的发展作出勇敢的决定。如果我们进一步思考，如果消费者的口味和忠诚度从来不会改变，那么就不会有新产品被需要。但是，回到现实世界今天的全球化市场上来，改变是一个永远都会出现的事实。结合不同的理由，所有的公司必须不断调整他们的实践活动，以应对正发生的变化。以同样的思维方式，市场中的变化是不断提出需求，为新产品的更新换代或者衡量企业需要改变的程度。考虑到这个范围，许多企业将试着坚持改变，让企业在性命攸关之时得以幸存。

"将设计整合的英国商业，84%认为他们通过设计增加了竞争力；79%认为设计提高竞争力的重要性比过去10年大为提升。"
设计理事会

拥护改变

企业的改变已经成为生活的方式——产业改变现在是司空见惯的事。三个改变的力量包括全球化、信息技术和过程，以及产业兼并。但对企业而言不仅是简单地走向国际化或取得全网络化形式。在今天的商业环境中企业需要易变，包容与灵活机动。他们需要管理更复杂的信息流，迅速地接受新的操作方式与思维；在经营活动的每一方面贯穿这个新的思潮–传达想象力。第3个驱动力产业兼并–其重要性在不断增强。合并、收获、战略联盟的趋势在提升，同时也给企业带来危险和独有的利益。

伙伴联盟，国际间的联合挑战和战略联盟会减少令人瞩目的成分，但能创造最高的进化手段。但是许多联盟常常鲜有做到，是因为当获得企业高层强有力的支持的时候，低水平的部门会产生紧张和冲突。

设计指导

在许多企业改变在不断地发生，也许在企业内部偶然的震撼事件，常常由外力导致；也可能是由人们从事每日的工作中的行为导致。在善于改变的公司，人们简单地回应客户和消费者，更多的投入到下一个设计开发项目中。他们不必改变企业如何运作的决定，只是不断地学习和适应。

革新，善于改变的企业在分享三个关键特性上占有主导地位。为设计支持者每一个都与一个特别的角色联合。

1 拥护革新——鼓励创新行为；有效率的设计领导者培养和帮助开发新的概念、创意，区别于企业的新技术的应用。

2 拥护执行力——建立企业和个人的竞争，由不间断的专业发展和培训支持，执行客户的更多要求并使之增值。

3 拥护合作——与跨企业和文化范畴的伙伴联合，这些合作伙伴能拓展企业的手段并促使改变。

这些清晰而且有价值的"软性"优势自然地增加了企业的设计觉醒力，一如那些成功的个人所做的一样。它们反映出习惯、个人技巧、行为和关系。当一个企业本身就固有这些优势，改变就会很平常，阻力会变得比较少。由危机驱使的变革通常被视作威胁而非机遇。

"设计师在全方位地思考和工作，这些方式联合了通常是有间隔的商业实践的领域。"
艾利森·普伦迪维尔博士

产业兼并
技术变革和创新是建立在商业模式和实践上的最基本的改变，导致跨越全球的新的合作伙伴的紧急需求。

图 1 和图 2

诺曼·福斯特先生（Norman Foster）已经创造出了一些最知名的建筑和工程成就，以其具远见卓识的领导力为世界所认识。

图 3 和图 4

摩根（Morgan）已经将它高端的与众不同的汽车引进 21 世纪，并没有牺牲公司长久的传统。

设计支持的特点

一个设计支持者的关键贡献在于能给企业带来激情、坚定的信仰和逐渐灌输信任的能力；其中设计支持者一些最重要的特性如下所示：

—— 对变化的触觉：从技术和市场角度活跃地扫描内外商业环境的变化和趋势。与合作伙伴紧密联合提供丰富的知识及资源并在公司里进行把控。

—— 展示全景的想象力：设计支持者们从一个万花筒般的资源中多角度地看待数据和信息。他们不断提问并假设企业和市场相适应的有多少方面。支持者们指导一个问题有多重解决方案，他们会透过万花筒看到为可持续发展的未来一些新的解决方案。

—— 提倡强烈的愿景：为促成冒险和创新活动的条件，对目的坚定信仰是最重要的，通常设计支持者谈到传达想象力如同一个可变化的仪器，而且你也能因一个强烈的愿景存在而互换视角。

—— 同盟开发者：支持者们需要人们介入并获得资源、知识和促使变革发生的政治影响，在变革过程中建立和促成同盟是最易被忽略的因素。在计划改变的最初阶段拥护者们必须识别主张并以同样的热情和企业家的从容支持创意的利益。建立联盟需要对改变洞察力的理解，在任何企业那些洞察力是令人敬佩的。

—— 想象力的转化者：一旦一个联盟建立，支持者需要不断确保设计团队在项目持续期间要得到完全的支持，而不是仅仅把想法交付实施者。设计团队需要授权和获得概念的益处——在企业中从根本上传达出想象力。

—— 确保意图：新发展的过程中一个主要的弱点是，挑战产品是发展的中间阶段——从概念到实现整个过程都要清楚创意。有许多例子显示由资深管理者提出新概念，接着由其他人将之商业化。大部分人为最初的想法激动不已，并提供许多奖励。而且每个人都喜欢大结局，特别是团圆大结局。而最难的工作正是要求真正的设计支持者们关注其中。

—— 付出酬劳：记住并奖励设计团队或关键性的个人是一个重要的技巧。设计是一项基于团队的跨学科的活动，并且嘉奖团队的成绩是一个重要的领导人的技巧。正如提出可证明论证的那样对今天的企业而言是最有用的促进动机的工具之一，许多人以企业的角度参与变革利用设计并分享功劳。一句老谚语表述得如此真实："成功有许多父母但失败却是一个孤儿"。

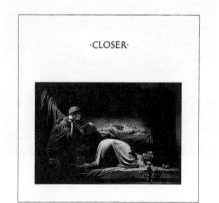

图 1
彼得·萨维尔（Peter Saville）在 1980 年曼彻斯特为一个时下的音乐剧的场景创造了一个强有力的特性，萨维尔唱片设计为乔伊·戴维森（Joy Division）的最新唱片 closer 所做的有关基督的尸体被埋葬的有着争议的描画。

通过给予灵感的领导层拥护并驱动变革以其不错的理由成为主旨并引起评注的焦点，这本书随后的章节包含了这样的问题。设计拥护者，领导者和经理人给予指导，精确界定这个语境，并帮助各自的企业保留一致性。设计拥护者们管理着文化，或者至少通过所表现的文化作为传播手段。他们为相互的合作设定范围，自治权，并共享创意及知识，对随机出现的，混乱和自发的事件表现出理解。逐渐的，难以确定的价值不能被计划和衡量，同时他们也获得了关键性的成功。设计拥护者的概念和创意、他们对竞争的高标准的承诺，以及他们对战略伙伴的信任，组成了具有设计意识的企业。设计领导者们提高了所有的这一切固有的需求，但没有一个人被授权。

总结

设计支持：领导或经理人？这是这本书优先考虑的问题。谁能在企业活动的每一个方面最好地驱动设计的想象力？他们均有差别，在企业中有不同的技能和责任，或在开始时就有着他们固有的角色，完成或传递设计的想象力？在公司中设计需要一种声音和存在，这点没有人比得上公司的高层董事会们作出的决定。然而，一旦作出战略上的决定，谁是最适合传达这种意象的人？将一个创意从一个没有经验的概念到克服许多障碍将其商业化，通常这些障碍就是公司自身已经制度化的内容。设计怎样能够克服这些障碍呢？

设计是一种变革的先发制人的力量，为了成功往往要求强大的想象力、激情和政治技巧；设计应该不再被当做是一种"安静的活动"，正如其重要性很久以来就被忽视一样。设计支持者的位置和责任变得越来越复杂。设计发展不再是一种地方化的行为，仅将其优雅地、舒适地置于公司中。公司的边界日渐转换变得模糊，消融在供应商、公司和消费者之间。超越这些具有可塑性的公司运作和责任的范围，正逐渐增加对能传达设计想象力并对其所作能有所奖励的设计拥护者的认知和需要。

"最近 CBI 调查显示 55% 的制造公司在近 5 年的时间内将设计和开发视作最具竞争优势、重要的资源之一。"
英国产业联盟（CBI）

案例研究
超越企业的范畴

这个案例研究说明了进化的行为如何引领设计顾问激进地将简单的设计信仰转变成根本的产品引介，并为客户公司提供巨大的报酬。通过采纳在设计发展过程中的中心角色，设计团队能采用更加全面的方式，通过将其商业化来发展和进行最初的创意的测试。依赖于来自供应连锁商的专业技能，用专业知识将这些雄心勃勃的创意规划塑形，使公司在欧洲和美国能打入高端的竞争市场。驱动想象力，要求具有主动性的设计领导者确保将战略意图付诸实现。

"有四分之一的制造商将设计列为他们商业成功最关键的因素（在英国平均是 15%）。超过半数的人（56%）感觉设计在过去的 10 年中已经变得更重要了。"
设计理事会

公司

理想标准（Ideal Standard），创立于英国，是最初的卫浴设施的制造商和供应商。它的母公司建于北美。总销售量（包括浴室）已经超过 18 亿美金。公司已经被不景气的市场条件和成熟市场日渐增高的竞争所严重影响。然而，靠重新改组现存的产品范围，理想标准在困难重重的条件下保存了竞争力和经济收益的安全。

设计师

伊沃克（Evoke）创意公司（之前叫做戴维·拉福设计公司 David Raffo）1980 年建立在英国柴郡（Cheshire）。经过 21 年的实践，被认为是英国领先的设计公司，所作的成功案例包括医疗设备、玩具和健身器材。

产品开发

促因

1998 年理想标准公司在错综复杂的淋浴市场察觉到一个机会，引介了一款先进的淋浴器并在欧洲和北美市场开发。那个时期，淋浴器市场前景不明且发展缓慢，为了在已经拥挤不堪的市场站稳脚跟他们不得不推出能为消费者提供独有利益的新产品。

那时，理想标准并没有一个适合目标受众的现成的产品，并且最近的竞争对手已经占领了现有的市场。尽管有这些众多的因素存在，很显而易见的是要继续开发新的淋浴器是要冒很高风险的。特雷维牌（Trevi）是一款在理想标准翼下的著名品牌。在专业市场上它既没被运作也没有被认识，但是它们具备了进入市场的要素，这就是它们具备了非常强而有力和灵活的能力。

信念

设计顾问最初参与和选择新产品开发的工作。他们已经与理想标准在另外的项目上有合作，并且与公司建立了良好的关系。理想标准的新的产品开发的总监在发展设计信念中起到了重要的作用。这进一步在设计团队中得到完善和发展。在这个信念中有两个重要因素是关键性的，其一，理想标准能进入高竞争力和成熟的市场，是因为了具备了明确的方向以及聚焦在可持续发展的未来战略上。理想标准并没有一个现成的产品有待运作和完善，但是它有一个很大的清单，包括了各要素、价值和庇护措施等能令其在革新产品的范畴付诸实施。在这个初期和关键的阶段，特雷维和理想标准供应商联合在一起建立了一个完全协作的伙伴关系，使设计师通过商业化推进概念。

图 1
对特雷维新淋浴器系列的最初反馈是大加赞扬。

创新的角色

设计团队在最初阶段为高度完善项目提供创新性的手段。设计师已拥有了长期实战经验，包括设计综合的医疗产品和运用相关的技术，这些都很大程度地预示着在淋浴配件上所做的用户界面和控制器的工作。尤其是设计团队热衷于开发和研究单纯的技术，调整开发程序。随着对竞争对手的产品详尽的分析逐渐增加了对理想标准制造能力的理解，设计师们从一个特别的开端有了信心，这就是公司有了一个合适的专业技能并成功地开发了有抱负的设计概念。在最初的概念阶段，设计团队决定进一步探索前程序的理念用户控制面板，其特征是预置了选项。在颇具竞争的市场，这是一个有意义的启程，即为特雷维提供了一个与众不同之处的关键优势。通过在市场投资具有竞争力的产品，设计师们能很快识别以设计为导向的机会，这使得新产品为客户提供清楚的附加值。发展了的设计团队一致认同设计概念的稳定性和价值，以及全方位发展和商业化的可行性。此外，他们已经就产品在市场的系列达成了共识，不仅限于淋浴器，更多的是淋浴的体验。

多学科团队的参与

导致项目成功的一个关键因素是在设计和概念的实现期间首要的权益关系人的参与。为理想标准工作的产品经理人与设计团队近距离地工作，为生产和供应连锁商的参与提供了很多有价值的专业知识。过了2至3个月的紧张期，为了选择最佳的创意，项目组一次次地拓展、实验并反复推敲概念。作为首要关注的是开发团队如何能集合淋浴系统核心的功能特点以创立一系列专业的淋浴模式，并通过设计过程提炼这些战略。

设计领导

在设计项目的早期阶段，从短期的基础上设计团队非常重视并聘用顾问。但是，随着时间推移，设计师们进入到公司，出席战略会议，在对产品开发和生产选项的专业商谈中扮演了意义重大的角色。在加强对产品生产的复杂性和潜在问题的进一步理解中有助于进一步前进，作为短期的设计咨询，设计师受邀参加有关设计战略方向的周末会议。

同时，也跟理想标准的合作伙伴建立了良好的关系，设计师加强了对公司运作功能的理解，包括如何看待约束与优势，特别是他们的生产能力。作为发展中的项目，到达关键的推介阶段，设计团队开始在企业内部工作。直接参与关键供应商的合作过程，也获益于对方的专业知识。从这中央集权位置显现出来，设计团队对专业有一个更宽泛的了解，他们能利用高科技参与产品的开发。作为这个中心角色的结果，他们能将战略意象的本质和想象力传达到市场、经济和管理部门，这些机构在走向成功的全过程中都起着利益攸关的作用。

保持战略设计的核心意象的关键是设计团队主动参与开发的全过程。当向英国和北美两个不同的市场发放促销广告形象和广告手册的时候这变得异常尖锐。这会引导设计师处于一个活跃的角色，为概念模式创造出强有力的品牌识别，即在人头攒动的海内外市场提升品牌的视觉效果。

"在经济气候的挑战中，以突出需要，依赖于增加附加值的竞争变得更尖锐，利用设计是一条达到成功的伟大的路。"
设计理事会

总结

新的淋浴器和卫浴系列在美国和欧洲大陆赢得了喝彩。随着市场完全接受这款卫浴系列以及它带给用户独有的好处，最初的反馈是非常顺利的。作为一个战略设计投资的结果，尤其是在设计团队的意象方面，理想标准管理并成功地巩固了大量的阀门、遮蔽屏和面板的存货清单，使之成为高端的、革新性的产品系列。设计团队承担了大量部件清单的审计工作，并为迅速实现新的卫浴系列产品构筑有效成本的基础。然而，为了达到这一点，需要所有包括公司和连锁供应商、外部的合作伙伴等主要部门之间不断地进行咨询和商谈。

由于在理想标准的设计经理人和关键决策人之间形成了一个相互的战略联盟，通过由董事会或基层作决定的关键阶段驱动了这个意象的概念。这个概念模式证明了设计团队的足智多谋，通过引人注目的产品提炼了概念，并充分考虑了将不同的元素纳入一个产品系统的复杂性。它不可避免地会存在技术问题，但依赖于连锁供应商的专业知识，这些问题在后来都得到了解决。

"在我们的现代世界，团队工作和解决问题是引领我们向前的驱动力。"
保罗·桑德（Paul Saunder）

后记

从这个研究中显现出两个清楚的议题：首先，在设计开发的过程中关键个体的重要性；其次，设计领导者是如何的具有远见卓识，能将最初的创意正确导入产品向市场开发的关键阶段。最终这个案例研究证明了设计在企业中是如何具有效力，并能运用它促成与外部企业的连接，帮助确保项目成功。

1　这个概念成功的很大程度上归因于在客户企业中关键个体的参与。为什么他们的参与如此重要？

2　在设计开发的过程中共赢合作伙伴贡献了有价值的专业知识，你认为在他们参与的哪个阶段起着决定性的作用？

3　当开发一个新产品到市场，在设计过程的什么阶段你开始意识到品牌问题？

4　在一个成熟的拥挤的市场，为了获得利润，设计能为企业提供什么？

5　跨学科的项目团队对开发新产品而言是必不可少的，与拥有不同专业背景的团队成员工作，有什么潜在的问题？

"设计是在人与市场间一根连接思想与发现的线。"
设计理事会

推荐阅读

作者	题目	出版商	日期	评论
一	供应连锁店管理哈佛商业回顾	哈佛商学院出版社	2006年	正如你所期待的哈佛商学院所能提供——大量供应连锁店的动态及产业合作伙伴的价值。
白金汉（Buckingham, M.）和科夫曼（Coffman, C.）	第一，打破所有规则	Pocket 图书	2005 年新版	一本精彩绝伦的书，探讨成功的经理人如何忽略惯性思维从雇员那里获得最好的东西。
利恩·马丁（Lean Martin, J.W.）	供应连锁店管理的 6 个字母，解决过程 10 步骤	麦格劳-希尔（McGraw-Hill）专业出版社	2006 年	这本书教授了商业经理人和学生如何应用运作规则和 6 个对供应连锁店的管理规则。
利克尔（Liker, J.）	丰田之路：来自世界上最伟大的制造商的 14 个管理法则	麦格劳-希尔专业出版社	2004 年再版	对丰田独到的洞察力，他们如何创立和评估持续学习的文化——非常宝贵的丰田成功的故事或本书主题对任何人都是具有吸引力的。
斯隆（Sloane, P.）	最新思维技巧领导者指导：为你和你的团队如何创新解锁	科根·佩奇（Kogan Page）有限公司	2006 年第二版	作者为创新提供了有力的案例和不同的角度看待企业的问题，以新的方式处理将会更有成效。

本章总结

对于企业而言，设计的价值是巨大的，为战略增长和战略方向提供了多样化的益处。本章以有力的证据作为开篇，说明了设计能提升公司的运作能力和长期的经济增长。我们谈到设计归为四个截然不同的内容：附加值、想象力、强化过程、企业提高生产和制造的效率。我们接着讨论了商业的必要性需求、智慧的设计管理和设计所能提供的"软性"利益，它不仅创建价值，而且增加了企业真正价值的意义。我们对设计的许多益处提供了一个广泛的讨论，谈及了设计支持者和关键性的个体，以及在公司的议事日程上如何巩固战略性的设计管理。

问题回顾

基于已经讨论过的问题，你现在应该能回答下面 5 个问题。

1　设计理事会为在产业中设计的价值与角色提供了有力案例，然而许多企业在投入设计这项上仍有所保留。你如何说服企业对设计高度重视？

2　聘用外部的设计顾问有什么利弊？

3　设计师如何做才能有助于商业战略计划？

4　创造力是可学习的吗？如果是这样，怎样提供一些手段和技术才能有助于帮助用户并打开他们的创造潜能。

5　在无论是大型还是小型的企业革新中你能提供什么样的有效利用设计的例证？

推荐阅读

作者	题目	出版商	日期	评论
考克斯（Cox, G.）	商业创意考克斯评论：建设英国力量	英国财政部	2005年	优秀的高端信息报告，从个人角度探讨设计在产业和英国经济方面的价值与重要性。
设计理事会	设计商业化：设计产业研究	设计理事会	2007年	设计理事会是一个无价的资源，包括了设计全方位的事实、信息和建议。每年都发布在设计价值和商业上的研究发现，它优秀的网站提供了前进的方向和管理途径。
戈尔（Gorb, P.）（编辑）	谈论设计：伦敦商学院设计管理研究室	设计理事会	1988年	不要因为出版日期而放弃本书，这本书的重要性和价值在今天仍然起作用，各种高端的受尊敬的贡献者从不同的产业背景提供了关键的评论。
蒂森（Lawson，B.）	设计师如何思考：并不神秘的设计过程	建筑出版社	2005年	本书真的很经典，它涵盖了设计过程的每个方面，具有前瞻性，而且呈现了高度的权威和细节。
飞利浦斯（Philips, P.）	创造优秀的设计信念	沃尔华斯出版社（Allworth）	2004年	彼得飞利浦提供了广泛和不同的设计战略报道，它的执行基于广泛的产业经验和专业知识。

第 2 章

设计变革

设计和设计管理已经有了许多不同的解释及战略应用的方法。有远见地利用它，它有能力令企业找到改变自身的方法，产生令变革增值的无穷的可能性，并令企业走向成功。

连接不同的意义

设计管理在不同的人看来意味着许多不同的事情，
为了能完全理解它，需要一个权威性的描述。正如
它真实的本性和潜在的价值仍然模糊不清，相对一
个弱点而言这也许能被视作长处。通过清晰和商业
化地运用，在非常特定的产业领域或经济语境下，
企业已经采纳并适应了设计管理规律，以适应战略
合作的目标。

"每个人要么持续地处于停顿的状态，或者清一色地
沿着一条正确的路线行进，除非它被强加于上的力
量被迫改变。"
普林奇皮亚·曼斯马提卡（Principia Mathematica）

设计的 5 个阶段

在近 20 年以来，设计的本质与角色已经改变。首先，让我们调查一下设计的 5 阶段，在企业中思考，从最小处起步。

等级1是企业对设计最低程度的理解，它的运用是陌生的，它的价值是可以被忽略的。业界的证据表明大部分企业经常处于不合理的商业模式，在低价值的价格战略下竞争，在考虑最少设计成本的情况下生产商品，提供服务。人们完全有权利问如果设计是如此重要的话，为什么没有公司在战略水平上经常运用它？试图在等级1上明了设计的轮廓经常引起两个问题：首先，管理人对设计的概念有着不同见解；其次，令设计声名狼藉之处在于它很难量化其有利可图之处。

等级2 在设计途径上的等级 2 是企业运用设计作为表面性地"改变款式"或者在日复一日的基础上对现存产品及新产品稍微地改动。他们把设计视作通过区分产品或渐进创新来完成提高竞争优势的运作行为。小公司的经理人经常忽视策略计划的要点，也许他们并没有时间或者资源构想这个计划。

等级 3 是设计开始出现的整合过程，设计通过它部分重叠的属性触及企业文化的每一方面。由于设计过程的互动及复杂过程的明确结果，要求有代表性地从不同企业功能到产品开发的过程中明晰他们的观点。作为一种结果，设计管理的价值及角色开始浮现出来，通常地在分离的团队中起着衔接的作用。随着设计成为企业的核心，它们的一致性为创新的想法和致力于企业战略的蓝天思维提供了一个动态的平台。

等级 4 是设计已经被视作竞争战略的核心阶段。这里成为了可持续竞争优势的关键性资源，提供了企业一个展望的机会，在长远的方向和完全的范围内为企业塑形和改变。设计永远不会是设计议事日程的首位；但是它能成为无处不在施展董事会影响的创意要素。

等级 5 "设计是创新"，标志着设计理解力和部署的顶点，设计影响的水平能被视作设计领导力，同时有两个倡议者——雷蒙德·特纳（Ray mond Turner），BAA的团队设计师，以及艾伦·托帕利安（Alan Topalian），阿尔托(Alto)设计管理的总监。在运营水平上的设计伴随着复杂的管理，在确保和维持战略意图的时候使其具有一个长远的企业眼界。已经达到这个设计觉悟水平的企业有英国官方航空公司（ BAA ）、布劳恩（ Braun ）、本田（ Honda ）以及奥克兰（ Okaley ）。

在每一个设计水平，设计及设计管理采取了部署和应用的不同形式，沿着这条路，设计进一步成为企业活动的中心，在企业的议事日程上也日渐明晰：达到了等级5设计思维水平的公司完全能理解它的价值。到了这个阶段，他们也界定和实施了设计管理功能或体系，并小心地实施了影响。这个形式、属性和它个性的实现包含并反映了企业的综合内容。不同的理解和设计管理的构造通常在各企业之间也有所区别。在公共和私人范畴的活动进一步超越区域化和国际化的运营范围。

设计思维的5个阶段　　　　　　　　　　　　　　　　　　　　图1

等级1	等级2	等级3	等级4	等级5
意识	改变风格	整合	战略	创新

"激励输出：在2002年输出业成就表彰的赢家中51%皇后奖的获得者其成就归因于由于投资设计海外促销成功。由于他们拥有国际消费者，并且86%的暗示设计促进他们的国际化竞争，超过90%的人发现设计是有价值的。"

怀特，索尔特，甘恩和戴维斯（Whyte,Salter,Gann and Davies）

图1、图2和图3

等级5，作为创新的设计，标志着设计理解力和实际部署的顶点。到达这个设计意识层面的公司有布劳恩、本田和奥克兰。

设计联盟—— 一个协作的伙伴关系

市场关税的侵蚀和贸易限制创造了巨大的市场机遇，以及如何提高盈利能力和商业成功。然而，对一个企业来说在探索中的丰饶的市场里获利，他们必须有一个稳固的设计管理的工作框架，以促进设计管理并实现其最大的潜力。**国际合资企业（IJV）**逐渐变成老生常谈，表明了它也许是正以冒险最低化的姿态进入新的海外市场。

基本上，国际合资企业是两个到更多的海外企业的合作。这使创新产品或系列服务在一个成熟的市场发展，提供消费者以丰富或更有意义的产品、服务的体验。这些机遇是重要的，它从一个国家到另一个国家的背景中交换着公司的产品。但也同样地面临商业失败的难题和困境。

为克服这些危险，设计经理人必须采用创新的工作方式，着手发展超越地理和文化差异的新产品及服务。从理论上这看似很简单和可管理，但在实际中它要求一个大企业的所有智力和经济资源，以便小心地平衡面临失败的冒险。

设计联盟—— 一个简短的例证

提供一个关于国际合资企业的简单例证，让我们假设一个英国的移动电话的供应商想要进入中国市场，在一段长期发展之后，手机供应商已经发展了最紧密的基于英国用户需求的市场经验。虽然有雄心壮志的计划，公司已经通过了一个策略来锁定并渗入了这个动态的具有潜在利润的中国手机市场。

然而他们不情愿地认识到他们并没有足够丰富的信息和详尽的关于地方市场的知识，以及消费者发出的更改手机设置的需求。为了克服这个失败，他们已经认识并成功地协商要合作者同意在北京建立一个类似的公司。通过专业技术的合并以及复杂的新产品开发的工作框架，在北京的合作伙伴统合了这些力量，将创新产品和服务系列的品牌定位于市场。通过这相互的收获，企业集中力量朝向一个共同的商业目标，合作的实施已经减少了发展新产品系列面临的失败的风险，找到了具有潜力的长期战略的合适的市场定位。通过认真的设计整合的运用，在最终用户、设计师和市场人员之间的一系列复杂的互动性使得一个雄心勃勃的蓝天概念得以实现。

"设计理事会发现 32% 的公司有 250 或者更多的雇员把设计整合进他们的运营中。这个研究已经发现在迅速成长的企业中设计的威力，其中超出持观望态度的有 6 倍甚至更多，他们将设计视作管理的一部分。"

设计理事会

国际合资企业

在合资企业中，有两个以上的公司分享资金，技术，人力资源，风险和服务，在共享的控制之下。

案例研究

通过设计改变观念

戴维·桑德森教授（David Sanderson）讨论了最近他参与的安斯利瓷器（Aynsley China）项目，安斯利成立了一个自行设计的机构使它的产品供应恢复生机。它拥有一个自行设计的团队，已经过了两年多的发展，这个举措提升了公司内外设计的形象。通过利用复杂的新技术、3维技术的创新和设计平面的图形，促进并提升了现有的生产线，同时也引导开发了新的市场机遇。最终，安斯利提高了目前品牌的价值，提供了高品质，以设计为导向的产品。

图 1

安斯利瓷器从 1775 年就已经生产并销售瓷器。

公司

安斯利瓷器公司建立于英国的特伦特河畔斯托克,是一家历史悠久的公司,以其广泛的产品生产线而备受尊崇。从1775年它就已经生产并销售陶瓷器,包括精细的骨瓷,盒装礼品,花型瓷器在内。其品牌就是传统的英式骨瓷的代名词。

变革的需要

传统的骨瓷礼品和餐具的全球市场对许多建立在英国的企业而言竞争日益增多。低价值的进口产品已经成为大路货,大部分产品产自中国,印度,及环太平洋诸国。以前,安斯利瓷器重心依赖于"继承"的思路,而没有真正以发展产品的附加值为宗旨的设计内容。在认识到来自海外的严重威胁之后,它察觉到了自身的过时及脱离于时代的风格,公司决定建立内部设计的机构。

安斯利决定在公司内部增加设计,稳固地建立一个可视的设计功能,这是以打造高价值的当代陶瓷为战略宗旨。在与其他强有力的国际品牌竞争的同时,安斯利也想要捍卫在英国原有的地位。然而,切实可行的是安斯利不得不克服现存形式中的弱点;显而易见的是事实上并不存在设计的价值与应用,这在公司内没有得到真正的认识。为了增加产品内容以顺应当代的以设计为导向的陶瓷,并继续生产响应市场品味的产品,公司采纳了强烈的设计意识并在全球市场进行定位。安斯利缺乏专业的知识和经验,尤其是对如何识别市场趋势以及就如何填补这个有着丰富机会的空隙,创造出以设计为导向的新颖产品等方面。

图 2 和图 3
安斯利瓷器的品牌是风格,优雅和品质的同义词。

"为了在具挑战性的经济市场幸存下来,并在海外竞争中拔得头筹,英国企业必须通过设计创新产品和服务来增加价值并代替价格战。"
设计理事会

设计管理的可视化与价值

设计战略：通过企业化的设计觉悟

通过设计转变安斯利，并进入 KTP（即**知识转变伙伴关系协会**）与斯塔福德郡（Staffordshire）大学联合而步入这一意义重大的旅程，与在艺术、媒体与设计系占主导地位的获得 MA 陶瓷奖项的领导者及他们的同事们一起工作。协会雇佣了两个设计系毕业生在公司中工作并在学院合作人**戴维·桑德森教授**监督指导下工作。

设计指导   设计变革

通过在大学与安斯利之间密切的沟通，协会制定了 KTP 项目的关键目标。第一个关键任务是控制可行性的研究，识别在安斯利的设计程序中的强项与弱势。完全赋予一个新的设计焦点，首先理解公司是如何评估设计的；怎样运用设计；以及在不同部门之间的理解力。这是一项非常综合性的任务，但为了能发展新的设计目标是绝对必要的。在与内部审计相联合中，第二个关键目标是理解现存客户和竞争品牌的概念，对公司要有高瞻远瞩的认识。

设计倡导   设计联盟

为达到此点的一个方法是访问世界上一流品牌，包括访问法兰克福的春季消费品博览会"AMBIENTE"，以及巴黎的家居展"Maison & Objet"。这也是对安斯利品牌价值的一次相关的调查：公司的品牌识别是否真正地反映出它在市场的位置？现存的产品系列是否与公司所坚持的东西协调一致？这些关键因素和综合问题的解决方式唯一的办法就是通过大量的设计审计来管理。

"调查发现来自客户的要求越来越需要用智慧把握未来市场趋势的设计师。其结果为"前端研究"（即材料开发与市场进化）。这能帮助促成创新性的过程与活动，并正成为设计师一个主要的活动。"
NESTA

知识转变伙伴关系协会 (KTP)

一个由英国政府创建的计划，通过较好地利用知识、技术与技能，以帮助企业提高他们的竞争力和生产力。每一个合作伙伴的雇主联合高素质的设计专业毕业生，将高校合作者的书本知识转变到企业中去。

戴维·桑德森教授

桑德森是斯塔福德郡大学 MA 学院陶瓷奖和领导者奖获得者。他是一名享誉英国及海外的活跃的设计顾问。1992 年他被力荐列为菲利普王子设计师年度奖的名单。2001 年他代表英国陶瓷产业受英国陶瓷联盟执行理事会邀请，为女王登基五十周年金禧纪念礼品进行设计。2008 年鉴于他在学院与产业之间所做的成绩戴维被斯塔福德郡大学授予教授奖。

设计开发：以风格增加附加值

基于广泛的"自我反思"和关键性的分析，安斯利对于公司如何在市场立足有了一个更清楚和详尽的理解，并认识到了产品开发的基本的机遇。以振兴的目标和愿望发展创新的陶瓷概念，公司产生了大量计划开发二维和三维的形式以迅速脱离现有的陶瓷传统的生产路子。为减少研究探索的困难，他们购买了CAD和可视化的软件，使设计师能生产并测试创意的概念，并赋予公司品牌价值以新的活力。通过在设计师和其他商业功能之间的不断沟通，在安斯利，设计的角色与价值获得了优势并予以重视。

从一方面说，它促进了"设计重视环境"的过程，公司每一个人都能看到设计为企业带来的利益。更进一步的，基于新的设计战略，设计致力于发展的潜力被证明，但是最重要的，设计紧密地与市场战略的雄心保持一致，旨在开发新的市场和用户所喜欢的产品。经过对其形式、造型和包装进行基本的再估价，新颖的瓷器产品因其新的市场机遇和吸引客户的最终目标取得了长足的进展。仅此一点就证明是值得提高成本和投资为生产新产品进行设计。基本上开发新产品需要的成本只占资源的15%，大部分核算的根据来自于设计师所花的时间。然而，通过细节化、生产、测试和提炼，新的概念被采纳，其余85%的成本被分散在生产的各个环节。在与客户、供应商和最终消费者交流后，最初的概念获得了令人振奋的反响。

这个过程十分漫长、曲折，但是当安斯利生产出的新产品系列紧密结合其品牌愿景，得到客户的积极反馈时，这一切都是值得的。当这一切活动完成后，一批系列产品样品在国际展会和贸易会上展出，获得了来自客户最终的肯定。一旦安斯利的新产品价值被完全认可，这些产品的小批量样品就进入了大规模的生产。新产品的生产很快得到了市场的接受与肯定。当销售额上升之时，公司不得不评估现有的生产程序，以确保全部最终产品保持原有的品质。来自客户的反馈是不错的，但是要改善产品标准和整体质量，还需经过稍加修改，处理对最终产品任何潜在的瑕疵。

 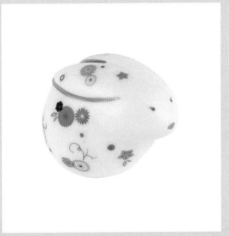 

图1、图2和图3
安斯利通过开发二维和三维技术发展了关键的瓷器概念，这些形式使他们从现有的、传统的生产路子上脱离出来。

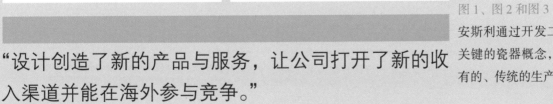

"设计创造了新的产品与服务，让公司打开了新的收入渠道并能在海外参与竞争。"
考克斯评论

设计管理的可视化与价值

设计未来：为成长而计划

自从实施 KTP 计划 2 年以来，安斯利已经看到与战略伙伴合作的益处。首先，两个设计协会在公司内部正慢慢地勾画出设计的轮廓，并紧密地参与其他企业的职能。他们经常与市场部门联系，监督并识别可以向前发展的市场趋势及可能性。通过这种互动关系，灵活地考察了创意构想，产生新的市场机会。其次，采用新的快速成型技术和印刷技术，安斯利有能力很快考察新三维手段和平面图形概念，在公司内形成了经常性的研究发展基础。这样我们就见证了被市场部门占据的市场活动，及知识被快速转化进产品概念之间的完美无间的关系，并且这些通过了新技术的考验。随着时间的流逝，新产品发展的工作框架将会得到提高，形成安斯利以设计为导向的企业文化的一个主要部分，这个文化中设计成为了一个每日经营的资源中最重要的部分。随着生产大量的产品系列正日渐与市场趋势与品位相匹配，安斯利品牌将成为风格，优雅与品质的同义词——这是 KTP 合作伙伴的一个关键目标。

总结

有效地运用设计将使得一个公司提高对产品价值的意识，并保持战略优势。由于提高了消费力和有着众多的选择——尤其是在日用瓷和礼品瓷的市场，在今天比以往任何时候都更多要求这个高度复杂的市场划分客户受众群。安斯利已经采用设计及新技术以回应全球化的状况和激烈的海外竞争。它也在完全战略的举动中掌控公司在客户中的形象。它已经提升了品牌价值和识别性，创造了强有力和更积极的形象，这个形象反映出生产符合当代品质的产品及真实的以设计为导向的承诺。

提升设计的途径经常包含着平衡许多综合性决定的需求，以明确的选择权提供最大的收益，而不是固有的实施的问题。每一个公司都必须存取和反映进口税，花时间去准确地了解通过设计什么是它想要达到的，什么是可得到的资源以便在公司建立一个有力的设计表现。那么什么是致力于设计成功的寻常途径？

首先，如果获取设计方面的专业知识是短期的，或者是一个项目的工期，也许聘用一位设计顾问是最好的选择。如果成功的话，设计顾问可以在一个长久的基础上被保留下来，以便随时随地提供专业知识。然而，这种合作水平和保证被限于短期内。其次，如果公司被委托以建立一个内部设计的机制，这条路将怎样走？即是说在公司内部组建和成立一个设计团队。因为自满会带来一些潜在的问题，而由于内部的政策，设计往往会遭遇妥协，这是外部的设计顾问不得不面对的问题。然而，一个内部设计的团队了解核心竞争力，并且在进一步的设计开发过程中，如果面临技术和生产的问题，他们会有相应的技能和知识来应对。最后，公司可以寻求一个和两个途径的结合，从超越于组织性的边界中利用"新思维"，在公司内部以其强大的设计存在的保证，通过商业化来驱动设计的概念。

"设计上全新的和准确的数据对经济的影响将归因于当前知识经济的工作，这显示出设计所做的贡献并不是通过传统度量才获得确认的。举例而言，由 NESTA 研究显示传统的创新措施并未抓住"隐藏的"工作中的创新，这些创新通常包含在运用设计的过程中。"
NESTA

图 1

安斯利已经促成了以设计为导向的文化，设计成为了在每日的企业运作中的中心资源。

图 3

一旦安斯利和新产品生产的价值被完全地予以认可，这些小产品的样品就进入了大规模的生产。

图 2

通过设立新的快速成型和印刷技术，安斯利已经具备了考察新 3 维技术和平面图形概念的能力。

后记

安斯利认识到改变的需要，主要是由于海外的竞争和不断增加的艰巨的市场条件引起的。在完全采取了大胆的步骤运用设计并将其牢固地置于每日的企业运作中，安斯利面对着下一个大问题：怎样在企业中深化设计。许多公司同样面临这样的任务，但是对于公司 A 而言适合的路并不一定适合公司 B，这条靠设计提升的路是无数设计经理人和公司在今天要面对的问题。但是如果这条途径被周全地、智慧地引导，那么其收获将是巨大的。

1　为提升设计进行选择，那么你在调查并找到合适的途径中需要面临的问题是什么？

2　你在选择外部设计顾问的时候利弊是什么？

3　反之，建立内部自行设计机制的时候有什么利弊？

4　还有第 3 条最佳的选择吗？如果没有，为什么？

5　你能看到哪些公司解决了此问题并有着成功的例子？他们达到了什么样的目标并且是怎样做的？

推荐阅读

作者	题目	出版商	日期	评论
贝斯特（Best，K.）	设计管理：管理设计策略，过程和实施	AVA出版社	2006年	优秀之作，在设计策略和成功实施方面有很多细节的探讨。
达文波特（Davenport，T.H.）和普鲁萨克（Prusak，L.）	工作知识：企业如何管理他们所知道的	哈佛商学院出版社	2000年第二版	在快速发展的产业中，就企业内能导致可持续发展优势的知识给予全面的介绍。
劳雷尔（Laurel，B.）	设计研究：理论及前景	MIT出版社	2004年	非常细节化的研究理论的观点，被用于引导设计发展的过程。
麦克马克（McCormack，L.）	设计师是 W******	Face出版社	2006第二版	不要因为题目而放弃它，本书为说明产业中的设计实践提供了忠实和激荡思维的方法。
森格（Senge，P.）	第五定律	Random House 商业图书	2006第二版	在管理思维上的一本经典之作，一本不应被忽视的书。

应用整体的方法

由于它的起源，设计管理作为一种规律已经出现并成熟，因企业中出现许多复杂的问题而承担了更多的责任。诸如改变管理和储备市场的表现。随着法人社会化责任的出现和出于绿色思考，设计管理不得不提倡产品的设计和服务的新战略并考虑它对社会和环境的影响。

正如我们已经看到的，由于其特有的属性，设计管理是多学科的、广泛的活动，作为核心它所关注的是管理和价值观的创造。这个听上去似乎很浅显易懂，然而，如果我们解构和分析价值观创造的过程，要进一步定义和探讨的话，事情开始变得困难。为使之更清楚，让我们汲取来自麦克普雷斯（Mike）和雷切尔·库珀出版的书《设计体验》中的观点，他们热情地讨论了"设计管理不仅是管理人力和过程，也重构和分析了总的产品体验，以便使设计师和企业团队工作并促成这种体验。"

量化与不可量化　　　　　　　　　　　　　　　图 1
不清晰的因素是很难量化的，然而有一些关键的有价值的资源能被公司利用，以提升他们的竞争优势。

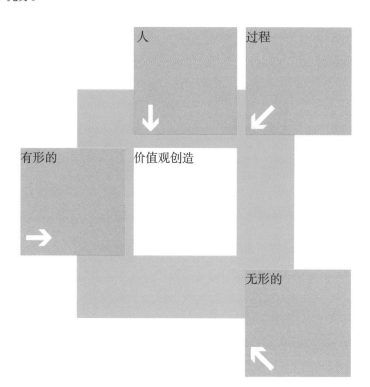

价值观创造—— 一个简短的讨论

让我们分析和探讨"价值观的创造"，在这一部分里有一些普通的东西是值得强调的。首先，什么是"价值观"？价值观是我们怎样通过有意义的体验和令人感动的关系来获得对世界的领悟。其次，价值观是不断改变的，是信念和渴望的变化，通过 2 到 3 个维度反映出个体与其他人和他们自己的感觉建构。

现在我们谈及"创造"，设计师必须明确如何将模糊的变化万千的信念转化到具象的产品和服务中去，为了完成这一复杂的任务，将化解所有的冲突与矛盾到具有内聚力的概念主张中去。这样将"价值观"与"创造"相连接，使之渗透到许多企业或部门里，以达到解决这些复杂的问题的目的。如果我们近距离关注，价值观能被嵌入到设计活动的如下几个方面：市场价值观，行为价值观，企业价值观和社会价值观。

市场价值观

提高市场价值观参与创造可察觉的区别或优势，这要通过发展新的和可变化的产品的能力实现，这些产品能带给客户清楚的利益。在西方文化中（大部分指北美和欧洲），与东南亚相比制造商品的成本相对较高，因此要强调质量（正如用户可察觉到的）比降低成本更加重要。作为结果，许多企业投入更多重心到设计上以增加附加价值，使他们的产品更具吸引力，而不是仅仅靠廉价取胜。设计也有能力提供创新性的解释，以及通过关注它的用户及消费者来看待现存产品的新方法。设计促进了创意的驱动力及重新改装和重新估价来自于眼前观念的问题。在理解的层面上借助概念的飞跃以此来提供新的解决方案或机会。设计创新能扮演一个重要的角色，促进和建立客户的忠诚度，鼓励他们消费更多甚至超过他们所能，除此以外就同样的产品和服务来说还有什么是最基本的？

在消费商品环节通过设计创造价值变得尤为明显。同样，商品和服务可察觉的价值或象征意义对于消费者而言正变得日益重要，实质上这些消费者根据商品的功能为同类产品付出了额外的费用。

"设计理事会研究发现，环境压力将影响公司的运作，40% 的企业发现设计会帮助他们应对这个问题。"
设计理事会

设计体验

麦克·普雷斯和雷切尔·库珀的《设计体验：在 21 世纪设计和设计师的角色》，由汉普郡（Hampshire）的阿什盖特（Ashgate）出版，2003。一本优秀的学生指南，为读者介绍了设计管理的紧迫问题。

行为价值观

设计师内在的创造力和所接受的艺术与设计的教育会常常有助于提高行为价值观。创造力问题的解决技巧是贯穿设计过程能与广大的受众群沟通,带来真正的价值。普遍认同的是创造力是来自于创意概念和显现出丰富的解决方案的种子。然而从所有的言行来看,为公司管理创意团队和创意过程被视作一种挑战。一个普通持有的观点是创造性的气候和创造力文化在公司的创造潜力上是一个独立的最重要的影响。公司里雇主所共有的力量远远超出个人直接进行设计的力量。

进一步,一个强有力的公司创意文化可以成为公司最终独有的销售点,远远超过产品本身所能提供的。其内在的含义是指创造力公司的利益不仅来自他们新颖的产品和服务,更是因为他们所拥有的创造力文化成为强而有力的卖点。正如可证明的那样,它被看做是启发消费者看到超越于这个企业的产品和服务背后的东西,并引导他们作出决定的过程。设计管理被看做是最主要的途径之一,它是通过将创意转化到公司真实的事物中,一致将创造力文化输入进有说服力的竞争优势的资源中去。

企业价值观

企业价值观提供了商业战略再思考和管理的机会,通过微妙的影响和想象力分享,从经济机遇的角度,设计能赋予企业再振兴企业活力的能量;通过它聚焦设计过程和包括过程、质量和证据(信息)在内的设计结果以及强调设计团队的成员的机制,设计管理能增加有意义的价值。对过程的不断评估将帮助有效提高和改进商业化运作。正如企业开发了伟大的设计增值,它的价值如同一个设计的机械装置,将展望未来和体验文化带至较深层次的水平,促成分享共有的想象力。

价值观创造和设计　　　　　　　　　　图 1

社会价值观

当发展不妨碍生态环境的产品和服务，为了保证具有宽容的环境化和社会化的内容，促成符合社会责任感的环境，社会价值观的问题变得更加尖锐。通过一个有力的承诺，理解和评估社会尺度，设计的影响能带来多样化的和高度的利益。一个渐增的大量企业部门（自动化汽车，零售业，近海石油和天然气开采和最近的工程业）正朝着设计思维的方向发展，就如何让所有股东提升社会价值观和责任心的行为，支持相关的政策。第四章设计联盟探索了在大量的细节中显现的问题，讨论了如何促成一个有力度的社会责任心，为企业带来重大的利益，超越于商业之上的宽松的环境。

"一个公司更严重的问题是关于使用设计，比较有可能的是视创新为最佳成功途径，减少依赖于价格战措施。在设计扮演着构成整体所必需的或重要角色的公司会将他们竞争的选择置于更加平衡的视角中。"
设计理事会

图 2

英国公司 PG Tips 已经联合了雨林联盟的力量，保证在 2010 年所有的 PG Tips 茶叶供应商符合他们高度可持续发展的标准。

访谈

安迪·克里普斯

安迪·克里普斯是一个设计管理顾问。1987 年毕业于工业设计专业。安迪在他职业生涯的早期作为一名自行设计师管理客户项目，他曾供职于壳牌（Shell）、BP、库珀与莱布兰德 (Coopers & Lybrand)、宝马（BMW）和沃尔沃轿车（Volvo Cars）。1999 年完成了硕士学位后，作为一名资深设计师在英国的许多制造公司工作过。他所设计和管理过的项目曾获市场周、设计周和 FX 奖。安迪在家中领导和管理制造项目。在作为支柱沟通设计和企业方面他拥有 20 年的经验，同样的能使他们的团队具有凝聚力。他的目标是为了实现市场和经济上的成功，力求成为设计和企业界中的佼佼者。

为了我们读者的利益，在你的业务范围还有什么你所不熟悉的事吗？就你的顾问生涯你能给予一个简短的回顾吗？

我与制造公司一起工作，帮助他们发现利用什么样的战略设计能使企业实现价值最大化。在品牌的设计项目和我将有可能完成管理的 NPD 上，尤其需要达成很多共识和可感触到的设计识别。

你怎样认为设计管理在企业中的角色？

这与公司的成长和发展策略紧密地结合在一起的；如它的客户，无论是现有的还是亟待开发的，它的品牌和它所提供的服务。在企业中它需要有一个高度的责任感，这些企业能在所有关键的领域——任何企业的核心实施真正的影响。

设计师和设计管理者能以什么方式在企业中共同工作并获得更多的影响力？

依赖于优秀的沟通者！这正在提高，企业的人们很少揭示设计，同样在教育体系，在艺术学院中设计师和企业之间也很少联系。理解现实的需求和每个团体间的限制，一起分享团队所能创造出的想象力，而不是赞美不同之处并彼此模仿——以此来实施巨大的影响力。没有信任和理解，设计师不会有机会有意义地传递他们的创造力、他们的感触及实践技巧。

你认为设计管理和设计领导层是否有不同？

是的——以我的观点，设计领导层是就设计扮演的一个活跃的角色，在设定战略目标中，和企业的意象——真正帮助企业实现名副其实的以"设计为导向"。以这样的战略投入汇接，设计领导人应该将设计与创意的思维嵌入在企业的遗传基因中。除了经常参与周密地塑造企业形象和战术的范围，交付实际企业的创意项目以外，设计管理同等的重要。

根据你的经验，设计领导层如何在企业中驱动创造力？

我认为参与是一个巨大而有威力的学习过程，想象下一个设计领导者与一个团队总监在一段时间管理创造力，或实施头脑风暴。这会给企业带来新的思考和结果。并不是所有的焦点都在设计上而是聚焦在所有潜在的重要之处。这对于许多总监来说是一个既快乐又全新的体验。在这样或那样的环境中证明价值，为了它的存在和施加在企业上的战略影响力设计领导人能做出有力度的表现。

作为一个设计领导者，你如何与设计管理者和设计团队工作，驾驭他们的能力并确保项目成功？

还是回到沟通上！一旦建立起战略，包括设计团队在内的整个企业中需要建立一种可视化和可沟通的途径。个人角色、项目和研究能参与到这种需要和宏伟蓝图的时机中，公开探讨并达成一致。倾听是设计领导者的一个关键态度，能使所有贡献者得到将项目从计划到付诸实施的机会。这些在一起前进的过程中都值得回顾，一起分享责任、团队工作、创造力和喜悦这些都是能取得成功的关键。

以创造力和创新的观念，你认为怎样才能影响企业运作？

在今天拥挤和充满压力的市场，企业既需要他们自身的不同特点，也需要给他们的客户建立一个定位清晰和稳定的供应。以我的观点看，如果没有创造力和创新性行为贯穿在企业中，企业运作将变得越来越困难。改变的步伐永不停止的，正如一个人不可能一成不变一样。因此我们需要接受其他人的观点，而且要不断寻找新的方法或者了解如何增加消费者的利益和有效传达方式。以恰当的方式给市场带来独特的产出。当然，也要斟酌并留有余地。

你认为对公司来说创新是很重要的，换言之，你认为创新能被看做驱使企业发展的动力吗？

那绝对是至关重要的。它也许不一定是企业创造的产品和服务的新内容，举例来说，也许是一个创新的途径。

让我们朝前推动 10~15 年，你认为什么是我们将要面临的设计共有的挑战？

保持人性化！确保对技术的尊崇，不要迫使人们改变步伐，而是要在洞察力和创新之间选择一个有效的授予能力者，把设计视为传达技巧，根据人类、材料、经济和利益的关系确保制造业真正地顺应全球化的可持续性。

安迪，总结一下，根据未来重要的约定，在设计这个行业还有什么你需要补充或者强调的？

设计不是一个答案。但是没有它人们又不可能找到答案。作为一个核心技术辅以技术集合体的补充将具有最大的威力，设计有能力真正体现改善，而不只是变化。

"在今天拥挤和充满压力的市场，企业既需要他们自身的不同特点也需要给他们的客户建立一个定位清晰和稳定的供应。"
安迪·克里普斯

国家设计政策

日渐增加和发展一个设计优势的基础建设很快会成为国家设计政策的核心，全世界都把注意力放在设计上，将其作为经济运作中最大化获利的资源。伴随着竞争不断增长的水平吸引了海外投资者分享全球的市场，很多国家通过设计把他们提升到创意革新的位置，这一节将看到许多国家是如何为提升设计制定一个基础建设的。

对所有的企业全球市场具有很高的吸引力，为了产生较高的输出和更多的投资报酬，各国政府正迫使发展国家政策来促动设计。同时，其他新的、迅速涌动的机会正在浮现。信息和传达技术，因知识财富增加的贸易让企业与遍及世界的制造商协同工作。给予他们途径，以便参与世界经济动态的一部分。适合企业与企业之间的战略将是多种多样的，但是与其他国家之间强大的经济、历史和文化的链接将为全球的设计活动潜在的增长空间提供可持续的优势。那么，一个国家的企业自身如何提升它的设计力量在海外竞争中能够获得优势？首先，它要求一个长期的战略焦点，基于多个代理商的参与，从政策颁布者，教育机构，工业和经济等要素中获得。而且从一个宏观的水平上，一个国家需要在创新的产品和服务上体现国际化的正面形象，以吸引和促进经济增长。两个简单的例子，其一来自芬兰，这是作为来自电信产业高端技术导向的产品和服务的代名词，另一个是英国，因其制药产业的领先高端技术而享誉世界。

丹麦设计理事会

在丹麦，已经建立了丹麦设计理事会（DDC），其宗旨是提供大小企业与设计相关的所有专业知识与提高设计的经济价值。这是一个独立的机构，有着促进提高设计意识的战略手段，并且设计已经提供了企业清晰的经济利益。其次，它主动致力于企业发展和对相互协调设计的理解，不仅在项目层面也在策略层面提高他们的市场能见度，指导可持续的增长。最后一点可证明的最重要的是，在国内和国际上提高了丹麦的设计地位。每年DDC举行不同的展览并现场展示设计的所有方面，作为一个引导设计意识的国家建立起了长久的形象。

设计理事会

英国的设计理事会与DDC相比有5个主要方面聚焦设计的运用：商业、政府、媒体、教育和设计行业。回顾它的历史，设计理事会已经在国际和国内层面上推动了设计。活动范围涵盖了设计新工具的开发，以及通过支持和给予企业建议，促使它们提高了自行设计能力的这一革新。在这个活动之上，设计理事会颁布了他们的战略文件"好设计计划：2008-11"勾画出五个关键目标，使英国企业在较高的层面上运用设计。目标包括首先在公共和私人领域支持设计不断创新并建立成功的品牌；其次，在国家和地方上参与地方服务的创造共享；第三，通过与学校和高校的合伙关系在创意的产业内支持扩大技术。第四，在当下一直处于改变和动态的经济和社会的气候下拥护设计。最后，将设计理事会定位为世界级有名望的机构，驱动设计代理公司在全球范围内的发展。

韩国的设计促进机构

韩国设计促进机构（KIDP）已经发展了一系列5年计划战略，致力于促进和开发与产业基础设施的变革相一致的产业有效性。韩国在1960年代建立的轻工业，随后的十年逐渐成为世界领先者，生产智能家用网络和以技术为导向的消费耐用品。为坚持这个产业变革，一系列国家设计政策被创建，使企业加强他们的研究和发展活动，建立地方性的设计中心，将韩国重新包装为"设计韩国"。

图 1

阿恩·雅各布森（Arne Jacobsen）的蛋丹麦设计的椅子外形。

"有设计的中国制造"

北京工业设计中心成立于1995年。它开始稳固地打造自身作为一站式的设计专业资源和针对地方产业的顾问。这个中心有两个宗旨：首先，提升新产品和创新产品的重要性；其次，提供相应的指导，使企业达到上述目的。中国正慢慢地从"中国制造"的概念转移到更具抱负的"有设计的中国制造"。这个国家想要摆脱掉使用廉价劳工的工厂条件，以高容量低质量制造的受限制的形象，虽然这是一个漫长的过程，一系列政府出台的积极的政策已经开始实施以促进工业设计中的价值；建立稳固的设计教育体系，顺应一个日渐增长的复杂的中国市场；通过合作伙伴的形式吸引来自海外的投资者。

我们稍后在这章探讨设计管理在中国的出现与发展（参看第80~83页）。

芬兰设计论坛

与丹麦设计理事会相似，芬兰设计论坛（DFF）是一家促进芬兰及海外的工艺美术、工业艺术、工业设计的独立实体。为强化这个任务，DFF中心大部分的活动是在设立于赫尔辛基（Helsinki）的会场举办的，这个会场每年吸引平均7万名参观者来访。为进一步增强这个目标，DFF提供一个广泛的传达服务范畴，出版和宣传芬兰设计的价值。目前，芬兰设计论坛正与芬尼亚保险集团合作，要很快设立一个芬兰设计最大的奖项，吸引来自国家的以设计为导向的企业参赛者们。通过这个引人注目的战略，DFF意欲鼓励公司运用设计并在每日的实践中重视设计的重要性。

印度国家设计学院

随着要稳固建立地方权威的勃勃雄心，印度正把设计作为国家出口能力的关键驱动力，这个国家也想要引领全球设计尤其是亚洲设计。发展它的核心力量，知识能力和战略设计发展以巩固它巨大的生产制造能力。为达到这个长远的意象，印度政府实施了一个多重代理咨询过程，建立一个综合性有抱负的国家设计政策。这个昂贵的政策文件通过设计规约和介入提供了10点计划以达成全球化的成功。两个形成中心意象的关键点是：1）以质量和结合"印度制造"与"印度服务"来打造印度设计的信条。2）在相关范围内建立印度"设计中心"的形象。

图1

2007年芬兰芬尼亚（Fennia）奖被授予由洛克拉PLC（Rocla Plc）的人工延长臂卡车。根据洛克拉PLC的设计师彼得里·马萨林（Petteri Masalin）自行设计，"设计的首要考虑是可用性、可靠性、简洁和功能性。"

新加坡设计

作为国家的倡议，新加坡设计意欲以设计与创新将新加坡置于世界设计地图之上。它正在发展一个兴旺的、多学科的一系列设计产业和活动，提供全球的受众中肯而实用的价值。这个倡议也旨在欢迎设计进入到企业的理事会，新受众，新市场。新加坡设计理事会作为一个政府的信息、传达和艺术部门成立于2003年，以促进和发展新加坡设计为目的引导着公共企业。设计理事会促进了新加坡的设计能力，并在国内通过设计学术将设计引入每日的生活中。设计理事会不断支持并扶持设计师，通过海外协作伙伴促进计划、高端设计项目及设计竞赛，在国际平台上现场展示他们的作品。总统设计奖是一个著名的竞赛，为以设计为导向的企业提供了机会，同时也促进个人及他们的作品在更广泛的平台上得到更多的受众支持。

日本设计基金会

日本设计基金会（JDF）早在1980年就建立了，促进了以设计为中心的国际首创精神。基金会得到了财政部、贸易部和产业部极大的支持和认同，在全面的视角上展示和呈现了日本设计。在区域内日本有着很多竞争对手，尤其是中国，所以他们不断保持国家的竞争力并支持工业。日本设计基金会很广泛地支持了各种企业以促进首创精神，创新的产品及服务。采用战略合作方式，在亚洲设计网络上，通过设计活动，共享和交换知识，JDF扮演了一个领导者角色。

澳大利亚设计学会

澳大利亚设计学会（DIA）是国家为设计师和以设计为导向的企业设立的引领行业成员的一个实体。成立于1947年，DIA代表了这个国家所有的设计师，是这个政府设计产业的有力的表现。基于和英国设计理事会相似的模式，基于地方、国内外区域它给设计师提供了一个有用的网络。DIA在6个战略活动方面进行组织运作：1）在最高水平促进和支持设计会员。2）给设计师成员提供有力的规范和商业实践的专业实体。3）通过研究出版、期刊和其他知识共享媒体的方式传播信息和提供会员服务。4）代表设计产业和政府行业以及其他有影响力的实体。5）以合乎道德的实践和管理／服从法规的角度来制定政策。6）会员网络和项目管理。包括所有这些活动的补充是其意象并且通过国内外活动的每个方面来促进设计优异和实践化。

访谈

加文·卡伍德

加文·卡伍德是威尔士（Wales）设计的管理总监，威尔士设计是一家威尔士政府创办的服务机构，以鼓励设计在工业中尤其是 SMEs 中的运用能力。在得到工业设计学位之后，加文在不同的机构担任过产业设计顾问的合伙人，包括早教中心、马可尼（Marconi）、施乐(Xerox)。随着他进一步提高的技能，他在施乐承担并领导了工业设计团队，在那里他负责所有欧洲的施乐产品的设计方面。在获得 MBA 学位不久前他开始在威尔士工作帮助开拓和发展威尔士设计服务。威尔士设计现在作为引领设计支持工业的模式为世界所认可。

在你活动的领域还有什么益处是你所不熟悉的吗？你能为你在威尔士设计担任管理总监的角色提供一个简短的回顾吗？

威尔士设计是由威尔士政府机构为威尔士工业基金会所提供的设计支持计划。我的角色是监管所有活动，诸如为产业提供的一个服务专业建议和商谈计划，为学生设立的设计奖项（Ffres），将这些案例的研究运用到学校中去，并倡导支持设计部门本身。为了确保我们交付最好的设计，我们也在全球基础上承接网络活动以了解设计是如何在全球得到支持和促进的。人们已经很大程度地意识到与工业相结合的一线工作在世界范围内得到了支持与促进，以确保当要求我们的地方政府（或其他的）输入他们的计划的时候我们有一个恰当的权威水平。

普遍同意设计能为企业带来很多利益，你能进一步提议设计能提供给地方发展什么样的主要利益？

我相信设计在与目的相符和具有国际竞争力的新产品和服务的发展中因其增值的作用而成为其中很重要的部分。虽然任何有设计经验的人都将此视为理所当然，仍然需要做相当的工作和要将设计提升到地方经济发展的议事日程上来。作为基于创新、技术和可能的创业者联盟，大部分经济发展战略在地方和国家得到了发展。在这些战略设计中通常有很差的形象，而且更多的地方和国家正在理解在将创意转化到产品和服务中并参与市场竞争中设计所扮演的基本角色。

你所称道的还有哪些国家在设计政策上有所行动？

实际上非常少有国家制定设计政策。韩国、新加坡、日本、印度和墨西哥已经做了这个工作，但是欧洲的国家还没有一个与之相关的清晰的政策。我们的网络活动已经实现了设计促进和支持模式，但是并不适合所有国家。从地方政策、经济和教育条件都表现出对设计的理解和支持，因此我们看到的所有支持模式是各不相同的——甚至在整个北欧。因为这些不同的理由我们羡慕韩国所表现出来的首创精神，韩国投资设计、支持并提升整个国家的设计水平以促进经济的发展；在丹麦借助设计中心制定了非常专业和具有前瞻性的计划。还有更多的地方主动性诸如比利时德·温克尔哈克（De Winkelhaak）设计中心，负责安特卫普城（Antwerp）至少一部分的真实改造。在我们欧洲网络的网站上有关设计提升和促进计划，你能看到更多的案例研究。网址：www.seedesign.org

从你自身的经验，在对设计有较深刻的理解方面，相对于较大的，更多已经成立的企业，SMEs 有什么特别的需要或者支持？

在 SMEs 的文化（甚至相当大的一个）反映出所有者和资深管理的知识和经验，转化它到以设计为导向的途径需要相当的承诺。

当一个企业在每日的活动中奋斗以贯彻设计之路，你经常遇到哪些常见问题？

SMEs 不得不面对的一个常见的挑战，甚至在他们可能投资到设计之前，就是寻找时机从他们每日活动中回顾，首先理解设计的利益，这是设计所带来的，并将其转化进可达成的项目中。当他们发现自身处于某种危机中，或者能看到自身落后于竞争者，SMEs 开始经常地思考设计。设计支持主动性的挑战一如威尔士设计就是将危机转化成机遇。

也许你能提供一个公司的案例，就是通过设计首创性发现成功？

很多不同的原因引发的伟大的例证如下：

1　**巴奇德磨坊（Bacheldre Mill）**

它制造技师级面粉和通过在品牌和包装上进行小型投资，极大地扩展了消费者基础，在产品上增加了四个层次，而且通过数次获得的国家奖项建立了知名度。品牌的发展也使它拓展了产品范围。

www.bacheldremill.co.uk

2　**DMM**

正在发展的设备制造商除了不断进步的热情还因为其创新与质量被国际上所认知。除了 DMM 将设计视作引领具有一些魅力的产品发展的关键因素外，还更多地强调产品和设备的功能性。

www.dmmclimbing.com

3　**梅林·特雷温特（Melin Tregwynt）**

从17世纪在梅林·特雷温特有一个木制磨坊，但是随着采取以设计为导向的途径，这个磨坊生产当代的产品并在全球范围内寻找市场。我认为这是企业的一个在传统领域内通过投资设计发现优势的伟大的案例。

www.melintregwynt.co.uk

在最近你评论的文章中"对于企业，设计应该是创意和市场的桥梁，你能就此进一步展开评述吗？"

我相信设计是将创意转化进适合其目的的产品和服务的关键的一步。这是威尔士设计的一个客户的伟大例子，已经在功能水平上发展了医疗产品，但是还不知道如何将其转化进工作程序中，包括可使用的和可被打包制造的、品牌化，以及传播要求设计输入的所有元素。

你认为市场研究和信息是转化到设计信念令项目成功的至关重要的途径吗？

市场智慧是设计过程最重要的一部分，它需要理解竞争所做的是什么并且考虑你怎样竞争。没有这个你所做的就只是简单地猜测或者只利用新产品和服务开发做一个赌博。如同很多其他的，汇聚市场情报并没有科学地辅助，而许多 SMEs 也没有花很多时间思索和估量目标市场。

从推介新产品进入市场的角度，就怎样估量成功你有何想法？如果一个 SME 正花大力投资在一个设计项目，如何决定它的全面的成功？

从投资在设计上来直接评估其收益是很复杂的。新产品和服务的引介将有可能成为促销战和改变分配渠道的一部分。从一个企业支持观点来看我会考虑介入一个公司的运作，是否当我们离开的时候他们已经为未来的产品和服务发展了自身的能力和文化——我们希望能将他们扶上成功的阶梯。

如果我们朝前看 10~15 年，你会认为什么是地方和国家在全球化前提下要面临的最大的挑战？

正如在考克斯评论中强调的那样，正在上升期的许多国家将有能力生产和交付产品及服务，这是可以通过设计增值的。为了完成这一点我们将不得不持续推动设计和保持领先创意能力。

加文，请总结一下，从未来决定性的前景来看关于设计行业还有什么是你认为非常重要的？

我为最后一个问题想了一个答案，为了提供能吸引国际买家的服务，设计方面也必须开发它的能量和专业知识。就国家和国际的角度而言没有小的挑战。

墨西哥的设计管理

国际设计合作

这节将提供两个不同的，设计实践案例的补充。一个是关于墨西哥的案例，另一个是关于中国的。他们为设计管理的来源提供一个简短的评论，以及如何设立学科及调整适应特别的产业需要，通过对比两个案例，我们能理解设计管理的角色和应用的显著差异。

尽管从 1990 年设计管理在拉丁美洲已经获得认知，它的发展仍是滞后和方向不明确的。设计文化的缺乏使得包括设计管理在内的相关事物在企业中处于困境。墨西哥有从外埠引进的历史和来自欧洲最早的专业化的设计传统。虽然近年来，设计师团队在拉丁美洲大部分国家得到发展和取得了经验——如阿根廷、巴西、哥伦比亚、智利、古巴、厄瓜多尔、墨西哥和尼加拉瓜，已经开始加强他们的行业力量并且在具代表性的专业工作中获得了认同。然而，尽管所有的这些努力，由于在界定和概念上被滥用及考虑不当，设计管理近年处于停滞状态。

比阿特丽斯·伊泽尔·克鲁兹·美格群
（ Beatriz Itzel Cruz Megchun ）
出生于墨西哥的工业设计师，在欧洲和墨西哥的设计领域不同的产业中具有丰富的工作经验。她目前研究的焦点在促进墨西哥以小型技术为基础的企业发展。她的设计管理工作的成果已经在拉丁美洲的许多杂志发表。

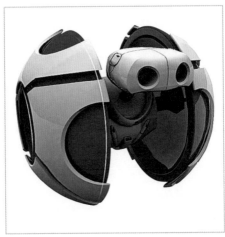

图 1

马里奥·奥尔蒂斯（Mario Ortiz）

为一个墨西哥食品公司所做的儿童玩具
的视觉化设想，其目标旨在提高市场的
份额。玩具的最初草图的概念，表现出
形式和功能的一些具体内容。

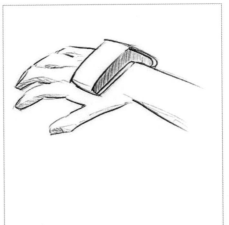

图 2

马里奥·奥尔蒂斯

概念图像化的细节显示出在腕部佩戴演
变的个人理解。

设计管理的起源

墨西哥设计的概念是来自欧洲学院派理论和实践的影响，如包豪斯和HFG的ULM。从那时起，学院的课程设置完全基于这些理论。1969年这个国家进入了设计上升期并持续到70年代，随着来自政府强有力的支持激励了国家的出口业。在80年代一个经济政策上的新方向，导致政府对设计支持的急剧下降。从那时起促进设计的努力就靠设计师自身的力量了。

虽然短暂，政府在促进设计的角色中已经对其工业的发展产生了一定的影响。这个最初的方法开始于这样的理念，即工业设计在振兴中小型企业的运作上是最有效的工具，工业设计体现了在市场内这项活动能不断提高公司运作，并且设计师已经成为在项目层次上新产品开发的领导者。可以认为这是墨西哥设计管理的起源，这也是为什么设计师已经开始像管理者那样工作的原因。

设计管理——关键问题

10年之后设计管理在缓缓而行。一些人认为设计管理之所以停滞不前是因为那些设计师——项目操作者和学者们从海外带来的概念和理论已经不适应国内工业化的情况。国外设计的影响几乎不适合国内的思路和国内市场的迫切需要。因此，设计和设计管理在国家工业的运作框架上不曾有必要的影响，在企业的活动中缺乏专业知识和对设计的理解，同样也缺乏企业在市场条件下生存时很有必要的资源（经济、材料和知识），这一切就是造成墨西哥设计管理迟滞不前的原因。

设计管理的教育与培训

从2000年，新生代的设计师已经在为振兴设计管理和唤起设计管理意识的觉醒而工作。这个设计师的小团体——从业者和学者——已经远赴海外到其他国家进行研究学习，如西班牙、英国和美国，并通过在世界范围的公司内工作学习获得了知识与经验。一些设计师致力于新设计企业的产生，还有一些将他们

的学识贡献于学术界。那些在学术领域的设计师在介绍设计管理时面临着不同的问题，大部分在墨西哥的大学超过10年不曾设置相关课程。因此，这个国家没有相关机构就设计管理提供一个标准。少数大学甚至只有相关的一个单元。在2006年，伊比利亚美洲大学（德语：Universidad Iberoamericana）就设计战略在设计创新领域主持了它第一个博士学位。它的目标是以一个多学科聚焦于商业环境的视角，在产品、服务、传达的战略性创新设计领域培养专业人才。要求学生有一个较高水平的分析、创意、和为创新性发展和以用户为中心的概念的提出预期性倡议。同样的，沃纳华克大学（Universidad Anáhuac）有一个设计研究中心（Centro de Investigaciones en Diseño, CID）其宗旨是深化设计知识，尤其是针对当代设计的国际趋势以高度的社会保证制定行动基准线。

图 1

为在小型公寓的居住者所呈现的"压缩"家具系统设计视觉化效果图。
设计师：艾伦·帕维尔·门德斯（Alan Pável Mendez）

这个中心提供的知识为企业和文化机构提供了设计咨询、专题讨论会，就设计的一些问题设立课程和研讨小组、出版物，以及提供学术材料。这个中心有两个计划，支持以下的研究方向：设计概念化的投资过程；有关设计信息的设计研究，产品设计和产品管理。

设计管理咨询

在从业者的案例中，虽然有公司应用设计管理作为其功能的一部分，仍没有专业化的公司关注于设计管理的运用。然而在这些公司中，其他国家成立了一些，其中墨西哥有的公司为多国和国家的大型企业提供服务。在一个有效和可视化的范围表现了一些运用了设计的企业案例，他们也为国内外所认知，包括in/situm、梅德（MADE）、安万克（advank）。

这些公司作为设计顾问而名声大噪，为客户展示了有效传递他们公司价值的途径。事实上，我们认识到未来一些少数公司正提高他们的设计管理力量，但并不完全限定于此。

设计管理——未来的挑战

墨西哥贫乏的工业条件已经吸引了大量设计师的注意力，他们在 2007 年就设计为创新的国家计划上呈给财政部（Plan Nacional de Diseño para la Innovación, PNDI）。它旨在发展促进设计的计划，其目的是为了创造有附加值的创新产品，便于在国际市场竞争。为了达到这个目标，必须把设计当作战略工具在国家的层面上进行考虑。它取决于良好的设计以降低差别，减少成本，促进识别和令人喜爱的印象，关注并保护环境。然而这些主要问题之一是这个团体必须面对产业、政府、教育之间存在的不足。

正如我们之前讨论的，墨西哥的设计管理在它早期的阶段低估了工业及教育界和从业者的作用。设计师的下一步是提高他们的意识并在不同的领域发展。

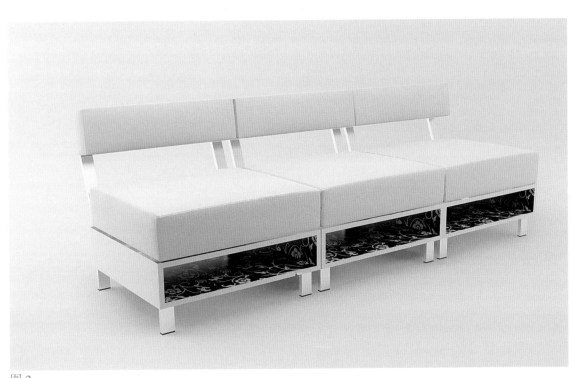

图 2

压缩的座椅系列包含了对贮藏空间的考虑。设计师：艾伦·帕维尔·门德斯

设计管理的可视化与价值

设计管理在中国

自从战略识别概念在10年根深蒂固的改革中被明确提出，中国已经历了数次基础的变革；尤其是进一步打开了通向世界的门户，并成为在国际变革和联合管理中的一个活跃的参与者，（lianqing,1996）。从1978年以来，中国已经在行进中采取了改革，成为了全球市场主要的力量，在2006年，中国输出是世界第一（Qian,2007），尽管这股力量是被建构在很强的制造业基础上，提升中国的基础设施，劳动力和调整的环境，仍然使全球公司降低了他们的成本并获得新的竞争优势。

因此对于服务环节的需求，已经变得很显而易见，这不仅能支持创新还能迅速开发新产品。在这种发展的影响下，在中国有效地进行设计管理现在面临着挑战，这个挑战就是促进设计常识和管理资源以使技术和经济得到增长。

设计管理的起源

设计管理首次出现在中国是2001年，作为设计管理研究会通过结合中国中央美术学院和澳大利亚新南威尔士大学的力量。设计管理已经变成的一个普遍的学科，由国内独立的学术机构设立，如中央美术学院，清华大学，交通大学以及大连理工大学。在2004年通过山东大学的设计艺术学院与英国的斯塔福德郡大学的合作关系，设计研究管理学院成立了。

邓建业（音译）

邓建业女士是山东工艺美术学院资深讲师。她目前是英国斯塔福德郡大学设计管理在读博士生。她的研究兴趣包括东西方设计管理教育的学科形态、在文化边界内的设计管理、教与学的策略，以及经济增长中高等教育的角色。

已经有学术机构主持了相关的会议，如2002年在北京，有国际设计管理论坛；D2B——第一届国际设计管理论坛，2006年在上海举办。此外，中国的大学与学院开始提供了面向本科生和研究生的设计管理课程，以应对国家的需要。例如，中央美术学院已经在2003年开设了研究生学位课，山东大学设计艺术学院在2002年已经开设了设计管理的硕士课程，已经将其增设进硕士点（2007年9月）。

设计管理的关键问题

设计管理在中国是这样定义的：为传达提供一种新方法以构建一种管理系统（Huangpu,设计师3M，中国）；一种通过设计计划未来的战略（设计管理，SUAD）；在日益综合化的企业和经济化的世界中一种创新，组织，斡旋和建构的手段。为了迅速地施行设计管理，中国教育当局将在国外已有的经验引入而设立了设计管理课程并在此领域也引进了人才。随着设计管理在西方日渐成为成熟的科目，为促进变革，中国大学加强了与西方合作伙伴的关系。因此，中国设计管理的教育理论大量地引自西方。相关课程的安排考虑到了在专业实践方面学生的理解力，企业与市场意识和设计被作为了一个战略工具，以满足国内设计师和国外市场的需要。

设计管理——支持工业的需要

然而，需要着重考虑的是，在中国和西方就设计管理如何支持地方工业的需要方面，实际在其产业结构和实践上都存在着差异。2007年，设计企业ds2bs.com建议，很少的企业能理解将设计管理作为一个输入的学科概念。尽管中国的公司已经开始实现设计创新的价值，在实践的过程中他们经常面临如下挑战，从设计研究和投资中公司能获得与付出相一致的回报吗？为什么这个团队总是缺乏灵感？在企业中哪里可以找到真正的设计创造力？

很多对设计活动就其提供的专业服务以及所带给客户和雇主的利益而被关注。当专家们理解企业的问题并在设计实践中帮助提高竞争力和经验，工业企业将会打消顾虑。根据中国国际桥梁的黄先生所认为的"设计管理是个关键，将设计渗入到体制的管理中，为有效加强中国工业，相关负责人也许会真正地改革经济战略，"（Huang,2007）。具体来说，在中国有3个重要问题需要解决：统一设计目标和商业战略；促进设计管理概念并加强创意文化。

图1

李宁（音译），插图设
计，SUAD 前硕士生。

 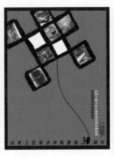  

图 2

孙磊（音译）教授，
幸 运 苹 果。SUAD
设计管理首席讲师。

图 3

广告招贴设计，民
间艺术展,孙磊（音
译）。

图 4

中国大学现在提供
的设计管理课程符
合国家的需要。

图 5

顾群业（音译）设
计的海报设计"叩
门"，SUAD 资 深
讲师。

统一设计目标和经济战略

从产品包装到产品自身的界面，苹果产品的每一个细节都能被细致地看到。在其创始人史蒂夫·乔布斯（Steve Jobs）回来后，苹果设计又再次成为公司的中心。这个产品设计中心再次获得了热情与灵感，诸如 iMac, iBook 和 iPod 这样的产品引领了经济市场的成功。然而，虽然在技术领域同样得到了提高，在中国家用品市场遵循着相似的产品，仍存在着潜"规则"——产品是被复制的。遗憾的是实际上中国大部分的产品设计被陷于恶性循环的泥沼中，大量地涌现仿制品。在这些悬殊背后清晰可见地是缺乏清晰的设计战略。设计战略要求持续投资，CEO 借以通过控制提高设计的成本，来考虑如何提高长期的收益。

许多中国的企业宁愿投资硬件而不愿意花费在设计研究上。他们满足于为完成的

设计计划付费，而不愿意将投入的大部分花在设计研究本身上。一个特别的事实是投资于研究汇报并非立竿见影，这意味着产品将缺少成功的机会，一旦这些产品进入市场，显而易见的是它们缺乏竞争力。

但是，许多中国企业已经开始意识到设计的影响。例如，2002 年，中国联想（Lenovo）投资人民币 100 万建立了联想产品设计研发中心。2006 年，公司投资超过 1000 万在产品设计上，联合了世界上 10 个专业设计团队，超过 80 个专业人士（Qian，2007）。中国的计算机公司现在掌管着 IBM 的 PC 生意并为自己打开一个全球的市场。根据史蒂夫·沃德（Steve Ward）前任 IBM 的执行官与现在的联想 CEO 认为："联想现在有了一个很好的定位，在品牌上具有竞争力，国际化的水准，以及产业领先的影响。"显然，依靠将 R&D 和设计战略带进企业议事日程，联想在全球市场已经具有了有力的竞争地位。

促进设计管理的概念

有时候设计师被认为"恰如其分地理解商业世界的要求，但并不能够成功地意识到设计与利润的关系。"中国的许多工业设计师相信他们首先是艺术家，同样地他们忽略了这样一个事实：工业设计首先需要一个团队合作，这是要求不同的公司部门进行配合的，设计师要通晓公司品牌化、市场化和它全面的运作，这一点是很有必要的。

同样的，设计师必须不断意识到不仅是满足客户本身的需要，也要满足经济的需要，很好地完成这点将比在成本水平运作来得更重要（CNAA 1984）。另一方面，许多企业领导人缺乏对设计的现状、形态和特色清晰的认识。回顾许多中国的企业，公司往往基于过去的经验对设计作出判断，而忽略了设计师和设计团队的贡献。因此，公司的设计计划不应该限定在CEO个人需要什么，而是市场需要什么。

"一个 BCG 世界调查就 940 个资深执行官支持的前 20 个创新型公司，苹果公司名列前茅——在设计传达的图标化方面，在这些创造性经济中，设计是一个新兴时髦的词汇。"
波士顿顾问团

R&D
意指研究与开发，常作 R&D，是一个词组意味着不同事情的不同运用。在商业化的世界里，研发处于产品生命周期中也许会被认为是"概念"或最初的发展，R&D 对一个企业的长寿而言是至关重要的，尤其在快速发展的以技术引领的产业中，如电信业和制药业。

设计管理——中国的桥梁

已经建立的执行管理董事会支持从企业的基本要素到鼓励设计与管理的实施。通过成功的国际案例研究和外部咨询项目，企业应该将自己置于提升产品设计过程的位置上来。此外，这是一个通过出版与会议帮助企业了解设计价值的通道，因而促进整个社会支持设计。它可以进一步提供较宽泛和行之有效的员工培训计划（提供工作体验，多学科团队发展和案例研究），较好地满足雇主的需要。这些课程应该迎合经理人对设计的关注和参与到工业设计中的人们以便帮助他们不断跟上新技术和与工作相关的实践活动的步伐。中国桥梁国际（CBI），第一支中国设计管理顾问，在中国产业中具有杰出的设计管理实践经验。他们有与世界上最好的公司合作的经验，如iF、IDEO、西门子和三星，这意味着CBI在设计战略领域、设计研究、网络资源、课程培训、研讨班方面不断提供专业建议。以设计管理团队从商业化和学术化的领域提供高级的专业知识，CBI处于强势位置，因其提供给客户在商业方面的支持，并在创新者中较好地满足个体的需要。

成功计划

中国企业家主办人现在开始意识到他们需要整合产品与服务发展正确的创新意识，这是竞争的基础，将客户价值的成本扭转过来。同时，中国政府正引领着中国的企业成功地实施他们的创新目标。例如，新兴的无锡工业设计基地是目前中国最大的工业设计基地。主持超过了1000个设计企业，并帮助引导着中国产业设计进入到一个新时期。此外，2004年，深圳这个中国最大的发展城市就文化创意发展提出了建设"创意设计首都"和"全球创意城市"的目标；著名的深圳创意产业基地包括南海建筑设计工业园，南园平面设计产业园区，田面工业设计创意园区，和怡景动漫设计产业园区，中国政府实施了政策以吸引更多的国际设计企业并培养更多的本土设计公司。

设计管理——未来的挑战

中国政府和中国工业都支持设计创新以提高他们的竞争力并占据未来发展空间。虽然中国工业已经强调了它面对的许多挑战，必须有一个很清楚理解的过程；需要成为设计创新领袖，将此变化视为中国的另一场改革。

然而，中国设计管理向前迈进的道路并非笔直无碍的，许多基本的问题还留待寻找到答案。为了推动设计管理在中国的进步，中国设计经理人和设计管理教育需要探索什么是假设和实际的概念？这些概念能引领新的形式以适应市场上国际竞争的大环境吗？这些概念将怎样帮助中国设计管理经理人创造新的贡献而非仅仅模仿西方？需要进一步研究以填补我们目前知识的空白并记录中国设计管理的发展。中国已经在设计管理之路上启程并将不断为未来的中国设计管理塑形。

"中国企业已经开始认识到设计的影响力。"

案例研究

通过设计协同成长

这个案例聚焦在哈利·夏普设计（Haley Sharp Design），一个在英国建立的设计顾问公司。我们探讨的是它如何在其成长中聚焦 IT，采取大胆激进的步骤改变它目前的设计过程来顺应新技术以获得新的客户。在实施了新的工作方法后，公司进一步拓展了客户与项目资源，在中东和北美展开了工作。通过这个改革和接受变革的意愿，技术成为了现在商业运作和思维的每个方面的核心。因此，在文化遗产和博物馆设计市场哈利·夏普设计作为市场领头人得到了肯定，不断地努力提供创新性的解决方案，并进一步扩展了国际的客户。

"……显然目前我们大部分的工作来自海外，为保持竞争力并占据商业市场，我们需要以技术发展新的工作方式。"
爱丽斯黛尔·辛谢尔伍德（Alisdair Hinshelwood）

公司

哈利·夏普设计创建于1980年，雇佣了一批天才的设计师团队和以广泛和包容的技术员工支持。首席办公室建立在英国莱斯特（Leicester），其实践带来了一整套跨越海外市场的项目与学科独一无二的设计，从展览展示到通过博物馆传播环境、文学、访问者提供具诱惑力的设计。为满足客户的需要，他们促进了专业知识以创造协调的设计途径，这是整合了图形、三维和多媒体学科的途径。在英国哈利·夏普设计是关于博物馆和文化遗产室内设计的名列前5名的设计顾问公司之一。

变革的需要

变革的需要具有两层优势：首先，哈利·夏普设计已经迅速在整个英国将自己打造成为一家年轻和有活力的公司，并吸引了大量的客户。为客户提供的综合性服务的能力，从博物馆和文化遗产项目的整包到零售的室内设计，通过开发概念的研究并进一步实施。由于连续快速地成长，它很快明白为了保持它的增长势头需要更多的战略焦点。其次，公司运用传统的设计表现理论承担了设计程序的所有阶段。它的自行设计师团队准备概念草图并手绘排版，这些草图接着会呈现给客户，作为进一步讨论沟通的基础，了解客户更多的需求的细节。因此最初的草图经常需要修改，然后再次花更多时间完成。

为了得到进一步的改善，哈利·夏普设计的管理总监爱丽斯黛尔·辛谢尔伍德意识到公司需要投入合适的IT系统，但是那时还没有用一个为专门的设计公司研发的软件，所以公司很小心以避免做出错误决定。因此，这个策略的成功在于识别适合的软件系统（尤其是DTP和CAD设施）并将其嵌入公司每日运行的商业和实践程序中。因此创建了一个完全通晓电脑的公司。

那么，从本质上而言，管理与"变化"协调一致成为公司最重要的事，不仅优化日常商业实践，而且也吸引了海外机构为争取在全球范围获得更多的工作。

图1、图2和图3
英国利物浦博物馆。
艺术家的印象 ©3XN

设计管理的可视化与价值

嵌入新体系

在 1990 年初期，公司与英国伯明翰城市大学的室内设计学院（前身是英格兰中央大学）开始了最初的接触，爱丽斯黛尔·辛谢尔伍德解释了公司愿意为它的客户发展新的服务，但是缺乏达到此目的的必要的内部设计的知识与技巧。在大学经过与学院工作人员多次探讨之后，开发了两个联合 KTP 计划，长期的计划说明要求持续微调以更近一步更深化对公司变革需要的理解。

伙伴关系的首要目的是探索开发 IT 系统中的潜力，包括 CAD 的技术，电子出版物和电脑图形，运用在现有的工作活动中以提高员工工作效率，能更快更有效地回应消费者的需求。

这个计划的双层目的是实施与设计者的需求相一致的 IT 系统；重构现有的设计程序系统。完全开发出新 IT 系统的长处。第一个 KTP 联盟，克里斯·普鲁登（Chris Pruden）被邀约承接一个在哈利·夏普设计的关于一个总体 IT 设备需求的综合审计工作，他系统化地分析了与绘图和项目管理需求适应的所需硬件和软件系列套。在完成了投资阶段，克里斯制作了一个数据流图表，说明了传达的渠道，体现出每一个独立项目在不同的开发阶段的经营情况。

林恩·史密斯（Lynne Smith），一个室内设计专业毕业生，加入到克里斯的研究中继续调研公司对 IT 的需求。她开始调研适合于公司的 CAD 系列。他们要求有一个可视化的工具能生成三维贯穿于整个照相写实图像中，配合生成精确工程图的需要，使承包人能依据设计师的说明组装元件。实施一个完全的 CAD 系统

在公司战略中首要的因素是满足客户的需要，这是不断进步的，由技术驱动进行的咨询。为最初的系统实施能满足最重要的客户，林恩区分了公司对 CAD 需求上的优先次序。为生产工作林恩促进了 CAD 的运用，这并非常规的手动完成方式，如三维作品检测视点。她逐步灌输 CAD 所能提供的益处远甚于简单地用电子绘图板——这使得以新技术武装的公司迈向成功势在必得。

"通过接受改变的意愿，技术成为我们企业运作和思维的各方面的核心。"

"……在设计过程的最初阶段，如果我们的设计师愿意，他们仍能使用魔力马克笔和钢笔来描绘概念草图，另外的设计师会很开心地利用技术能立刻看到设计效果，我们会采用灵活的途径让每一个设计师体现最好的作品。"

分配设计团队

依靠完全地运用信息传达技术，哈利·夏普的"分配"设计团队与国际领域沟通成功地管理新的设计项目。这在很大程度上导致了不断增长的设计和制造业全球化；设计师很有可能作为一个实体团队跨时空合作。哈利·夏普目前致力于分配打造设计团队，把这视作行之有效的手段在海外的博物馆和文化遗产项目上获得最广泛的专业知识。由于一些设计项目持续时间较短，公司对技术就产生很大的需求，以对出现的设计和结构问题有很迅速的反馈。

哈利·夏普设计最感兴趣的是以最灵活的方式在设计和建筑过程中利用技术。自从 IT 技术实施以来这是自然而然的事情，以技术和新项目管理系统为设计增值，远远胜过没有独创性的呆板地设计管理程序。在构建技术性的工作中顺应其特点进行设计工作。

但是当项目处于设计细节阶段，所有草图便有电脑生成。与合作者进行电子化地沟通使得变化再次迅速发生。

图 1、图 2 和图 3
俄克拉何马（Oklahoma）历史中心，美国俄克拉何马城。

国际设计

哈利·夏普设计目前在北美和中东都设有办公室，获得了更多的客户资源。通过倡导和实施尖端的 IT 设施和支持体系，公司真正在全球化基础上运转，享受生意的增长和设计项目的多样化。通过建立在贯通全国的信息网络、问题、知识和背景信息能很快在各地的办公室共享并传递。这使未得到参与或者实施的问题得到最大程度的回应。以这种方式超越了传统的公司界线，因此在英国的设计师们接手与位于中东的项目，反之亦然。最初的设计概念和创意引发的活动能得到全力的支持并由 IT 将之相互联系，最大化地支持在企业不同领域的人们的创新，因此，得以提供多种多样的设计方案。

哈利·夏普设计的经典案例包括：
—— 多克兰（Docklands）博物馆，伦敦，英国
—— 美国历史博物馆，俄克拉何马，美国
—— 伊斯兰文明沙迦（Sharjah）博物馆，沙迦，阿拉伯联合酋长国
—— 国家古文物博物馆，莱顿（leiden），荷兰
—— 利物浦博物馆，英国
—— 考古博物馆，沙迦，阿拉伯联合酋长国

从 1980 年早期开始哈利·夏普设计从最初建立在英国的一个小办公室，那时大部分的工作来自当地的客户，一直到今天发展到了一个拥有许多海外业务的设计公司。

总结

我们已经看到哈利·夏普设计是怎样实施和运用新的 ICT 技术管理、新增了许多变化，寻找并巩固海外的新客户扩大其能力的过程。优先运用 IT 技术，公司占据了优势，在竞争激烈的博物馆和文化遗产市场努力竞争。通过彻底地重新评估现有的商业操作和传统的工作模式及管理系统，哈里夏普设计计划为战略成长重组企业活动的每一个方面。尤其这个精神特质的核心是，设计如何能实现效益最大化，在以高附加值提供给客户预定的服务时提供最有效的运作。沿着这条路，普遍认为新技术成为创新最主要的元素，包含了所有被整合的体系和网络。机敏和客户的回应驱使持续创新活动。自从重新评估和实施新的设计方案，年度营业额已经翻了两番；为客户提供了更多的服务，并打入获利良多的海外市场。10 年以来，超过 80% 的工作位于中东和北美。新的工作系统辅以 IT 集中了劳动力的手段，哈利·夏普设计不仅在困难重重的市场保存了竞争实力，还占据了大量的国际项目并作为一个为客户提供高附加值的服务的国际设计事务所其威望也与日俱增。

"哈利·夏普设计相对于技术的约束而言已经形成其工作惯例已顺应技术的发展。"

"为迎接战略的改变，哈利·夏普设计就现有的设计系统建立了基本的反省，分析了技术如何能在每日的运作中起到最主要的作用。"

"通过倡导和实施尖端的 IT 设施和支持体系，公司真正在全球化基础上运转，享受生意的增长和设计项目的多样化。"

图 1
国家古文物博物馆，莱顿，荷兰。

图 2
伊斯兰文明沙迦博物馆，沙迦，阿拉伯联合酋长国。

图 3
加拿大战争博物馆，渥太华，加拿大。

问题回顾

后记

在 1990 年早期，哈利·夏普设计在针对未来的实践中意识到两个关键问题：新技术和国际化。从某种意义而言，这二者的联系是无法摆脱的，尤其在开发新市场和商业增长方面。此时，公司理解了 IT 的价值，并需要重组工作方法，以设计发展工作的角度与客户沟通。哈利·夏普设计采取了彻底地变革摆脱落伍的工作方法，采用更多的技术集中于设计的各个方面，这在那时是一个大胆的举措。为及时回应计划，随着工作框架的进一步加强和落实，以最大的效率使技术问题得到了很快地解决与克服。设计的计划并不容易，但是凭着直觉和审慎的洞察力，其冒险最终迎来丰厚获益。

1　新技术能代替设计师的创意"灵感"吗？

2　ICT 技术能彻底地改变设计最初发展的概念，什么样的方法能令这种改变显而易见？

3　在设计开发中 IT 技术怎样能捕捉到客户的声音？

4　IT 能加速设计过程，在执行过程中产生最大效果，它们在何处并如何发挥效用的？

5　ICT 技术有能力提供许多独一无二的益处，但是不利因素是什么？尤其在跨文化沟通方面？

推荐阅读

作者	题目	出版商	日期	评论
柯林斯（Collins,J.C.）波拉斯（Porras,J.I.）	持续构筑：有远见卓识的公司成功的习惯	Random House商业图书	2005年	基于学术的研究和前沿思索，本书说明了为何有些公司是难以战胜的——其选用的案例是值得研究的。
迪金斯（Deakins,D.）和弗雷尔（Freel,M.）	企业人和小公司	麦格劳－希尔高等教育	2005年第四版	一个有趣的手记探索了企业家公司的动态和他们独有的特性。
弗里德曼（Friedman,T.）	世界是平的：21世纪的全球化世界	企鹅出版社	2007年第二版	一本具有可读性的书，说明了一个收缩的世界及在商业实践和社会发展上的影响，引人入胜。
莱维特（Levitt,S.D.）迪布内（Dubner,S.J.）	魔鬼经济学：一个无赖的经济学家揭露每件事背后的真相	Addison Wesley 出版社	2007年	作者提供了一个乐观的侧面的视角，某些事物如何不能被主流的经济学思路解释，一旦你翻开本书，你将难以罢手，尽情沉溺其中吧。
波特（Porter,M.）	竞争优势	自由出版社	2004年	没有阅读管理思维书籍的人会忽视这位作者，具突破性及洞察力，在这个主题中的一个真正的世界级专家。

设计管理的可视化
与价值

设计指导

设计变革

设计倡导

设计联盟

本章总结

对商业和商业贸易的成功而言设计是极其重要的，我们管理这个过程很关键，尤其对一个需要长期发展并站稳脚跟的企业而言。通过设计扮演的角色我们已经看到设计是如何进行管理的，并有能力适应自身并为企业"塑形"，在公司内通过有影响力的关键人物制定商业决策及运作。通过建立国际合资企业在每日的基础权利上运作。设计日益全球化，我们已看到国家通过并规划了设计政策，制定国家的重新品牌化，致力于成为全球领导者和提供先进技术解决方案的开发者。这个案例研究为我们展示了设计管理如何采用专业文化和地域性的工作框架，促进凸显于市场的充满活力的改变。

问题回顾

基于前面所探讨的，你应该能回答如下问题：

1 什么是得出设计管理清晰定义的关键因素？

2 从设计阶梯的等级 1 到等级 5 你认为让企业进步的增长战略是什么？

3 设计怎样能涉入时下最关注的问题，如生态设计和联合社会责任？

4 为何国家发展战略性的国家设计政策是最重要的？

5 以设计管理的角度你认为在中国和墨西哥就此问题有何关键不同点？

推荐阅读

作者	题目	出版商	日期	评论
布鲁斯(Bruce,M.)和贝桑特(Bessant,J.)	商业设计：通过设计的创新性战略	经济时报/ Prentice Hall	2002年	一本高级的当代可读性书籍，本书说明了战略设计和创新管理的过程。作者为读者提供了精彩绝伦的内容，对广泛的设计背景和商业战略感兴趣的读者来说值得一读。
布鲁斯,M.和杰夫纳克(Jevnaker,B.)	设计联合管理：持续竞争的优势	约翰·威利（John Wiley and Sons）父子	1998年	读者提供了一个广阔和具洞察力探讨，就设计联合战略中许多利益和潜在的陷阱。10 年中随着文化领域的相互渗入其重要性日益明显，为准备进入设计联盟的公司提供颇多的利益。
库珀，R.和普雷斯，M.	设计日程：成功的设计管理指导	约翰·威利父子	1995年	对全面探索每日进行的设计和设计管理的实践中本书提供极具价值的指导。极其清晰地表达、易于理解，为寻找竞争优势它提供了运用设计管理为指导的案例。
杰拉德（Jerrard R.）翰兹(Hands,D.)（编辑）	设计管理：实地调查与应用	Routledge Taylor Francis	2008年	通过汲取不同背景和语境下的案例研究，本书深入浅出表现了投资设计的益处，对正考虑发展设计审计工具的读者而言其价值无法估量。
沃尔什（Walsh,V.），罗伊(Roy,R.)布鲁斯(Bruce,M.)和波特(Potter,S)	靠设计制胜：技术，产品设计和国际竞争力	布莱克韦尔（Blackwell）商业	1992年	尽管年代略显久远，因其提供的强有力的案例，本书值得进一步阅读。作者被认为是设计界的权威，带给大家设计和技术的所有知识与经验。

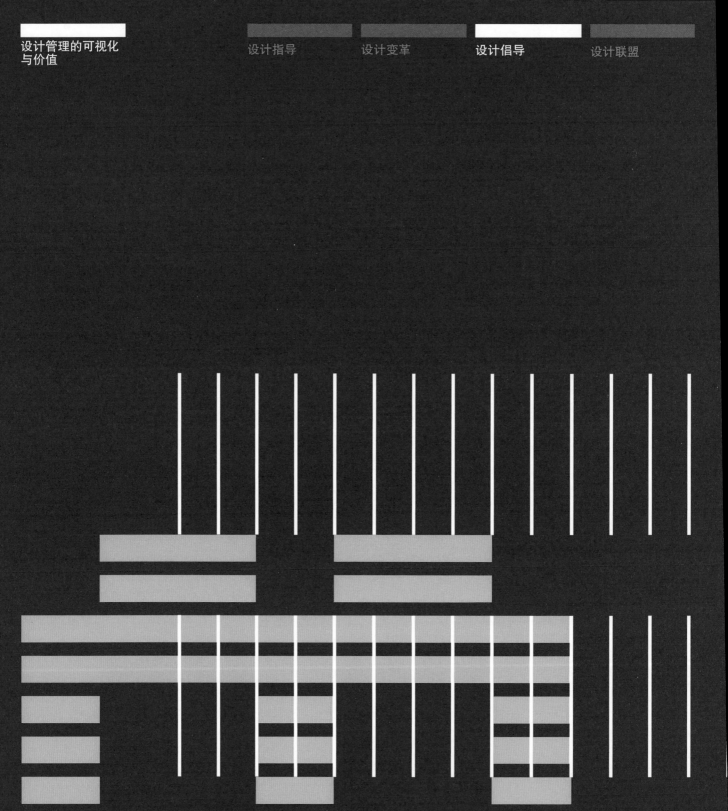

第 3 章
设计倡导

设计支持是组织内变化的关键驱动力。什么是设计支持？他们对战略的改变和业务的增长有何帮助？设计领袖不仅可以驱动组织内部的创新，还能延伸到扩展的供应链上的合作伙伴。新的和可持续发展的战略性未来，能够养成一种创造性和革新活动的氛围，给组织带来无尽的可能性。

设计领导力

本节将讨论作为一个独立但与设计管理本质上相关的课程，设计领袖的出现。它可以看做是加强设计的自然延续，在组织内部，在会议室里具有天才领袖，可以利用设计确保企业目标的实现。设计管理的提出，着重在关键的要点，提供促使设计领袖出现的发展里程碑。

图 1~ 图 3

雷蒙德·特纳（Raymond Turner）是英国机场管理机构（BAA）的设计团队总监，是负责希斯罗机场 5 号候机楼的设计领导者。

超越设计管理

我们在问设计管理死去了吗？这个名词已时过境迁了吗？它已过了有效期吗？在实际应用上已毫无意义了吗？经过30年的发展和讨论后，设计管理仍然是个易引起辩论和争议的词语，仁者见仁，智者见智。最近，设计领袖这个术语脱颖而出，为组织提供了一种明确性和关联，意味着设计是一个企业的资产，而且能够对提高组织的效率和战略远景做出重大贡献。初看起来，这两个词语没有什么太大区别，但是通过更近的调查，实际上它们既独立又有内在的联系。为了进一步具体分析，值得提及两个和设计领导力紧密相关的重要名字:**艾伦·托帕利安（Alan Topalian）和雷蒙德·特纳**。有人认为设计管理和设计领导力都同样有效而且同等有价值；然而在组织内部，在它们内在的区别和明显的位置上有着独特的重要性。

20世纪70年代后期，设计管理开始低调出场：**科菲尔德报告（Corfield Report）**(1979) 批评了英国工业的失败，在报告的核心部分提到工业不能使设计得到认识并足够有效，更别说在战略上的管理。科菲尔德报告隐含地建议，工业在开发新产品和管理设计中全面地开拓设计，其更大的重点在于实现企业的目标。到那时，报告的调研和推荐成为一个革命性的奠基，把设计的价值提升到更高的企业层次。让我们快进到80年代，当时另一个研讨文本把设计管理放在企业日程上，设计讨论（1988）就是以此为主旨的论文，来自伦敦商学院设计研讨会。甚至现在，在它出版的20多年后，投稿人讨论和提出的关于策略设计管理的问题，与上世纪80年代同样相关。

作为设计领袖论坛的发起者之一，雷蒙德·特纳探讨了设计领导力和设计管理之间的关键区别，争论在于前者更加主动，后者更具反应性。所以本质上，领导力与"意象"相关性更甚于"实施"，这才是管理的主要领域。在两个词语之间就其有效性和区别促成了对话和讨论，并已建立起一个立场。简言之托帕利安和特纳所探讨的设计领导力的核心特征涉及5个重要方面：

1. 企业希望达到的明晰。
2. 定义期望的未来。
3. 演示未来可能的样子。
4. 开发帮助企业到达未来的设计策略。
5. 把期望的未来变成现实。

用这5个方面来进一步讨论设计领导力，并提供一个更有说服力的例子。有什么需要？

> "没有危险的点子根本不值得被称为一个点子。"
> 埃尔伯特·哈伯德 Elbert Hubbard

艾伦·托帕利安

托帕利安是伦敦的阿尔托设计管理学院（Alto Design Management）的校长。他是关于革新和设计管理的BS7000系列里"三个英国标准"的作者。"关于设计管理最详尽最广泛的研究观点是托帕利安提及的。"由贸易和工业部以及英国设计理事会发起的国家学术奖理事会在1984年度的国际工作调查中如此总结。艾伦被很多人认为是设计管理领域的领导权威，他30多年的工作经验使他在这个领域处于相当领先的位置。

雷蒙德·特纳

特纳是英国机场管理机构（BAA）的设计团队总监，在9年里BAA是世界最大的私有化机场公司。他被BAA任用，领导希斯罗机场5号候机楼的项目设计，他还是品牌咨询市场的董事长。在加入BAA前，他是沃尔夫·奥林斯（Wolff Olins）顾问公司的董事会成员和首席顾问，在这里他负责创意领导力和为他们的主要客户指导设计投资，其中包括英法海底隧道。

科菲尔德报告

关于产品设计的科菲尔德报告（NEDO 1979），促进了竞争中设计作为企业战略资源的重要角色的辩论。对设计管理的发展作为战略合作资源做出了重要贡献。

通往未来的路标

超前思维和进步的企业不断地问自己，5 年或 10 年后我们会在哪里？新的技术，市场机会和海外需求不断提供了活动和开拓的领域，以确保业务的生存和持续的繁荣。设计领导力给予了一个稳固的身份，在高层管理和董事会级别让设计发出声音，使得企业能够计划和驱动未来的增长，而设计就是革新和灵感的动力。

死胡同或高速公路

应该选择哪条路？从长远角度看追求路线 A 是最优的，或者路线 B 可以有更快的回报？认识了未来发展长期的战略目标，可以有许多道路可以通向这些目标，但是哪一条路是最佳选择？设计领导力，在此即设计的声音阐明和实验了组织可能采取的不同路线。通过这种主动的心态，实验性地识别，实验期望的未来，并促成适当的反应。死胡同在短期内可能看起来像一个有吸引力的提议，但是对于超前思维的企业，战略发展是前进的必由之路。设计是识别从 A 到 B 最有效和可持续发展道路的路线图。

开拓和灵感

过程比结果更重要吗？是否调查的过程使得开拓的过程更加富有成果和价值？设计领导力具有魅力和想象力的特点，是由于它能管理、挑战和鼓舞那些在战略策划过程中感觉被剥夺了权利的人们。在企业内部设计领袖具有在不同层次、与完全对立的意见进行沟通的能力，扮演类似于企业"胶水"的角色，将不同观点和意见融合在一起。创意点子和未来愿景可以通过强大的可视化手段和好的沟通手段去试验以促成阐明主张。本质上，设计领导力可以利用无形的愿望改变长期持有的就未来所能拥有什么的观点。

图 1
内夫（Neff）是博世（Bosch）和西门子集团的一个专业品牌。企业得益于很强的设计领导意识。

"设计者拥有一个专业技能，使得他们可以对技术的启动做出独特的和有价值的贡献。这些技巧包括创新性的解决问题和可视化技术，正如专业实用知识既是用户也是产品开发过程所需求的。"
戴维·麦迪逊（David Maddison）

炼金术和化学

炼金术和化学之间的区别是什么？为什么这个区别对于设计领导力很重要？你可能会这样问？炼金术是一种添加了 X 元素的化学，它将科学带入了超自然王国。设计经理是"化学家"，设计领导是炼金士？如果你把直觉、同理心、创造力和具有灵感的领袖与理解日常的实际业务考虑的能力结合在一起，这种独特的力量就整合成为了企业的战略武器库，能将愿望转化为现实。

管理经验

今天的消费者比以往有更多的要求和更强的辨别力。他们在每一笔购买和组织的参与中寻求价值和意义，不仅在私人领域，而且在公共领域，如卫生保健等。我们来看一个基本的例子，例如一辆汽车的购买消费者想在有意义和印象深刻两方面体验汽车。阿斯顿·马丁 Aston Martin 品牌是有威望的附加值，卓越和优雅的复杂的代名词；这个品牌的这些属性必须显露在消费者与企业打交道的各个方面。从初始合同到完整的购买活动，管理的经验必须把这些无形的东西传递给消费者。

如果成功了，一种富有意义的关系将变得牢固并持续下来；然而如果其中任何一方面不成功，这种关系也会全盘丧失。设计领导力确保并将战略意图具体化以驱动长远的关系。如果我们把这个领导角色更推进一步，不可避免地，它的核心责任之一是灌输和支持组织的创造性，通过设计应对冒险。为了在企业层次推进和主张设计的价值，必须实施一个支持的工作框架。例如，设计嵌入到 IBM，柯达，本田等企业活动的每个方面，但驱动这个愿景的是冒险，革新活动，以及尝试，在商业实践和开发中寻找新的答案时出现错误，应施与积极的鼓励。

"太多的公司会犯大错是在投入设计项目时仓促行事，没有首先考虑'他们在做什么'的真正含义。"
设计理事会

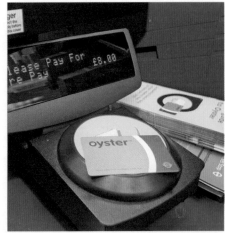

图 2

伦敦地铁系统中所设计的牡蛎卡的服务减少了消费者的不便。

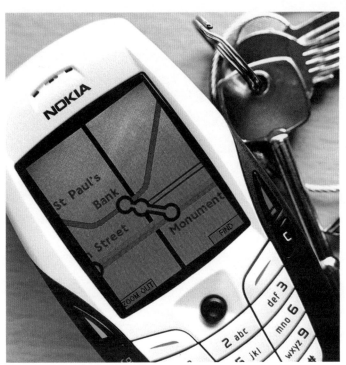

图 3

诺基亚不断地努力为它的客户提供服务给他们匆忙的生活方式予以支持。

培养一种创造力文化

一个冒险的方法很容易被提倡，但实际上要营造一个这样的创造力氛围无疑是困难的。许多企业愿意去尝试但并不完全理解它所带来的是什么。随着车间在产量、性能方面的压力增加，失败仍然普遍地被认为是一件负面的事情。为了克服这点并支持创造性，一些开明的企业允许雇员试验或者在工作时间做独立的个人项目。希望通过支持个人项目，将这些开发和培育出的设想和概念在后期可以完全带入到产品中。不用担心失败的打击而开发思路的自由，使创新能够进行下去并让个人，团队和整个公司能够获益。失败的风险具有一种难以置信、有力的作用，它抑制了创造性，阻滞了尝试和表现，这些正是革新的关键因素。为了给创造性提供一种支持的氛围，需要新的工作模式，增加灵活性和调整一般的产业正统观念，即失败是完全可以避免的成本。

对组织的再思考

创造性拥有改变我们看待自己的观念和方式的力量。创造性是一种技能；它需要实践、毅力和大量艰苦的工作。简言之，它是一种将已有的技能和知识以创新方式应用在新的语境下的能力。随着技术日新月异的发展，知识和创造性正成为企业所需要的新的技能集合。结构性的变化正在改变工作环境，国家经济更加重视雇员的个人技能；其中的核心是，组织正在寻找那些能够以最具创造力的方式应用知识的雇员。设计领导力着重于创造性的两个方面：第一，产品的创造性，就是使得设计者能够预知新的问题并解决它们；第二，可能是更重要的，管理的创造性。这涉及重新思考我们应该如何组织、计划、开发和将动态管理结构所支持的想法付诸商业化。重新思考常规惯例中已有的商业模式，并且开发出一个更具创造性的模式，需要从最上层就对创造性的价值深信不疑——而设计领导力最适合达成这一文化的转变。

"在具有完整设计的近半数的业务里，都可以看到营业额，利润和竞争力的增长。不断发展的业务比那些停滞或营业额缩减的公司更能受益。"
英国设计（Design in Britain）

总结

最近出现的设计领导力作为设计管理的一种进步引发了很多问题。是设计管理穿上了新衣，抑或是正在走向成熟的一个合乎逻辑发展的步骤？通过更近的调查，争论更加复杂，努力去理解和分开两者之间的细微之处和差别。首先，争论是适时的，因为正如我们已经见证的，在寻求差异和正迈向商业成功的行进中，设计是一个强有力的、决定性的武器。通过这个讨论，顺理成章地提出设计议程并将其定位于组织活动的核心。谁是领导和管理的最佳人选是一个更复杂的问题；这不是一件黑白分明的事。很可能引起争论的是：设计管理是一种类似于设计领导力的固有的、主动的力量，但在一个非常"安静"或细微的方式上它应用了其价值和有说服力的影响。为什么不用一个能够包括两种观点价值的整体性术语：战略设计管理，而是使用会在组织内部为引起注意和最重要的地位进行竞争的两个定义。从20世纪70年代后期，设计管理有了重要的发展，总的来说，托帕利安和特纳业已成为组织内发展和实现设计管理的中心。

然而，在相关的新经济体中设计管理已被采纳和适应，如印度，东亚特别是中国。下一个的5年到10年，为澄清和正在进行的两种观点间的辩论提供了独特的机会。直至目前这种世界范围内有价值的辩论仍在进行。

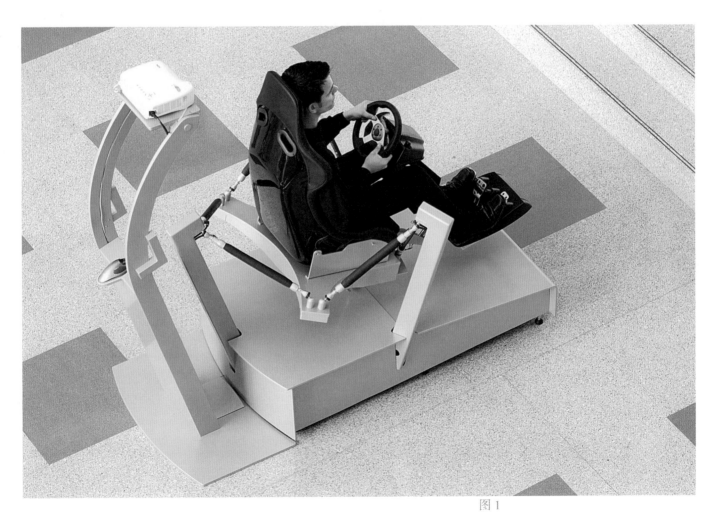

图1

费斯托（Festo）是世界范围的气动和电子自动化技术的领先供应商，因其发展创新产品而久负盛名。

访谈

艾伦·沃尔

艾伦·沃尔是巴克斯顿·沃尔 Buxton Wall 产品开发有限公司的总监，是一个有 30 年以上工作经验的设计者，作为设计顾问在英国和美国都工作过。沃尔毕业于机械工程学校，然后修了设计方面的研究生课程，之后进入咨询领域。巴克斯顿·沃尔麦克皮克 McPeake 咨询公司建立于 1979 年，提供广泛的 2D 和 3D 设计支持服务。巴克斯顿·沃尔产品开发有限公司建立于 2002 年，主要集中于皇家的项目。然而设计咨询和新产品开发仍然是工作的一个重要方面。

对于那些不熟悉你们的工作的人，你能否把你们的角色和责任做一个简要的说明？

第一次当我遇到一个潜在的客户时，我会尽可能多地去了解他们所期望达到的如时间范围、预算、竞争力等等。然后我的第一项工作就是编写一个建议书，按我所理解的罗列一个简讯，一个设计过程分为与成本、时间、范围相关的几个阶段，以及我的优势与条件。对双方来说，为了在工作开始之前达成一致这都是一份重要的文件。而后，我负责确保工作按时并在预算内完成，确保与我的客户和其他供应商的联络。这是绝大多数设计者所遵从的一个经典的方法。不过有时我也会将法则扔出窗户，然后想尽办法得到结果。

你能否给出一个典型的客户和项目案例以此说明你们常规的工作？

没有一个典型的客户：他们都是不同的，上至大的跨国公司，下至一个人的公司和创造者。所需要的支持也是不同的，从简单的前端概念生成到提供一个全面的设计程序，这个程序可能包括与其他供应商的联系（如：工具制造商，成型机和键盘等制造厂商。）一些设计者在特定的市场很专业，但我们不同，所以我们足够幸运能够涉及包括玩具，运输，宠物产品，医疗和科学设备以及消费塑料等行业的设计项目。项目范围覆盖狗玩具到大型光谱仪，我已经发现这是既有娱乐性又令人满意的职业，也许这会给大家提供一个答案。

以你个人的经验来看是否很多客户完全理解设计的价值？

不用惊讶，确实区别很大。蓝色芯片通常都很熟悉，但 SMEs 不一样。小公司往往开始小心谨慎，一旦他们看到我们所能做到的，意识到我们是站在他们的角度就会变得充满热情。可悲的是，在英国设计支持被看做是"吝惜的交易"，有时由于较少满意以前的经验，公司的态度如同戴上了有色眼镜。我确实感到必须特别努力地工作去证明我们的价值。我不能保证100%的成功，但我认为总的来讲，这些年来我们为客户做得很不错。

自从你进入工业领域，什么是你在跨越曾经所在的商业领域中关键的进步？

我开始进入设计咨询领域是在20世纪80年代早期，正好在那个时期的末端，那时，大部分产品设计工作是图形设计师用拉突雷塞工具（Letraset）在绘图板上徒手画，在画板上进行的。但变化非常快，首先我们的图形设计师使用了苹果电脑（Macs），然后产品设计师用上了3D 和 CAD。那时，软硬件的成本非常高，所以对于设计师是个很大的变化。从这点来讲这是设计公司主要的成本，也是业务所必需的。我们第一个带有 3D 和 CAD 软件的工作站花了 35000 英镑（按当前价值要翻一倍）。幸运的是，今天这种成本大幅下降，尽管重要的软件仍然很贵。

新的和复杂的技术的出现是否改变了设计的角色？

很广义的来讲，设计的角色依然相同：首先生成一个概念，在设计概述中给予答案，然后与客户一起将解决方案带进市场。设计过程的细节本身也已经改变：现在在初期阶段是使用3D和CAD，快速做出原型，将数据传送到供应商（例如，工具制造者），当然，还有大量的使用互联网进行研究以及通过电子邮件与客户和供应商保持联系。所有的

软件用于生成产品的理想影像、设计标签和键盘、包装等。进入市场的时机是很关键的问题。

新技术是否消除了对创造性的需要？技术能否替代创造性？

设计师必须花大量的时间去学习使用相关的软件，这是个丢脸的事儿，因为说到底它们只是个工具。陷入到计算机和软件中是一个很大的危险，以至于基本的设计技巧和创造性被退居其后了。一个仅表面化修饰的电脑图像第一眼看上去很好，实际并没有多大帮助。我个人仍然乐意看到一个有很好绘画技巧的设计师，快速地在纸上进行构思，并且通过插图（简单的素描，或者现在常用的马克笔）。如果现在按照这种方式，仍然不失为一个项目初始概念阶段的最快速方法。

你认为什么是设计过程中最重要的阶段？

无疑是前端概念阶段。任何经过挑选用于开发阶段的解决方案将使成本降低，这将在产品的生命周期中一直持续。所以首先可能是工具生成及其他实现成本，然后产品单元成本，分销，维护，对抗竞争的"现场成功"，和很多其他的相关问题。按正确的方法搞定它，产品就"脱颖而出"，就有效益又可动摇对手的力量。按照错误的方式运作，产品在商场不会获得好的结果，没有什么效益，甚至失败。我们不要忘记良好的审美也许对一个消费品来说是第一位的，而且这一点经过精确分析也是排在前列的。

你对个人关系有多么重视，或者说与客户的"化学反应"能导致整个项目的成功？

在任何业务关系中它都是关键成分，面对一个困难的和缺乏同情心的客户，很难走得更远。最好的情形就是，互相尊重和不断发展信任，然后你有一个天才团队的努力。这也为长期的关系铺平道

路，并且也是所有设计公司所希望的。它的缺点是，如果客户公司的主要关系离开了，与客户的关系将受到影响。他们的更换很可能有着他们自己喜好的设计公司，这是所熟知的"新扫帚"场景。收购、合并和关门使得关系一夜之间变成累赘。

你如何衡量你们所涉及的产品是否成功？你会否尝试探知客户的反馈，主要在产品销售或用户的反馈等方面？

客户眼里的成功是不可避免地与底线相连的。在英国一个产品成为市场的领导者，而且有超过 200 万以上的销量才能令人信服。一个新设计的模型能够在主要的国际性展会上（保存 12 个月）按时发布是一个好消息。如果一个新的设计使得项目销售超额 400%，每个人都会为之欣喜。可悲的是，好的设计只是其中一部分。有时一个在所有方面都得到夸奖的相当好的设计，可能由于其他原因失败，如不利的经济形势，或者当前市场领导者反市场的侵犯。

有没有我们没提到的事情，但你认为很重要的需要补充？

我们自然都很关心英国制造业处于领先位置的问题，毕竟产品设计师提供了服务支持。长久以来大规模的产品生产已经转向远东，而高价值的、小规模的产品仍然趋向留在这里。产品设计师希望即使制造转向海外，它的设计依然留在这里。在特定的范围，这已成为事实。但是在中国有品质的生产和设计正逐渐增加。初看起来对在英国的我们不是好消息。然而，就在现在（2008 年 10 月），世界经济发生了戏剧性的动荡。其结果是有可能在不远的将来制造和设计转到海外可能性变小了，这对我们从事设计和新产品开发而言是有利的。

通过设计驱动创新

创新是一个复杂的过程，将不同来源的知识组合在一起，技术从一个领域转移到另一个。

我们趋近观察，创新是如何通过拥有不同资源的协作伙伴关系驱动增长和未来繁荣的，并成为变化和商业成功的引擎。设计是这个动态的核心和快速向前的趋势，通过与微妙的设计领导力相联合，以具有远见的行为来倡导进步和市场的差异化。

机遇　　　　　　　　　　　　　　　　　　　　　　　　　　图1

创新的触发来自于不同领域资源的整合。

什么是创新?

PDMA 定义创新为"一个新的想法、方法或设备。产生一种新产品或过程的行为。"这个行为包括发明和将一个创意或概念带进最终的形式中。根据 CIPA 在创新和发明之间做出一个清晰的区分是很重要的,发明是创造一种对世界而言全新的东西,不曾涉及一个已存在产品、过程和系统的发展。灯泡、数字表、圆珠笔、微波炉和电话都是发明的例子。创新本质上是指变化而且它可以被应用于企业提供的产品 / 服务,创新还是一种被创造和交付的方法。一个新的轿车设计和一个新的车险是产品创新的例子。一个制造方法和用于造车的设备的改变、新的办公流程,以及一系列用于开发保险服务的产品都是过程创新的例子。

创新和业务

巴克斯特(Baxter)给创新下的定义是:"一个商业成功中重要的成分。"企业必须不断地采用新产品和改进已有产品以防止更多的有创新的竞争对手获得市场份额。在市场表现和新产品之间有很强的相关性,它阐明了革新的重要性 :"当竞争性的优势来自于型号,或者资产的所有权时,这个模式就更加有利于那些能够调动知识、技能和经验去创造新产品、新过程、新服务的组织"(Baxter, 1966)。

通过活动进行创新

创新不是"一个单独的行动而是一个完整的过程",它是由一系列事件和活动组成的,而且涉及很多人和学科。公司与公司的流程不同,但尽管有这些差异,有一个重要阶段突出的模式。在一个基础层面创新过程被视为三个阶段:触发器、机会和需求。创新还可以根据触发动因类型,最初着手的原因过程来分类。触发创新的动因可以来自于资源和学科的组合。

发起创新过程的想法有大量广泛的来源。一个发明只是触发动因的一种,通常涉及新技术,可以来自消费者行为、市场活动或者设计的转变。触发动因通常涉及三个特别的规律:技术、市场和设计。"技术推动"是指在内部R&D部门创造或开发想法,或者已被其他产业采用的想法。"市场拉动"定义了一种触发动因,包含对最终用户需求的回应。还包含在这类触发动因中的是那些应对竞争对手的行动。"设计导向"创新触发动因,是指为消费者所感知的改变和促进产品/过程的功能美学和性能因素。这包括可以提高效率的制造流程方面的设计改进。

那里有机会吗?

一旦确定一个想法,就要分配资源,改变技能并提供支持以抓住可能的市场机会。为了它潜在的成功,企业知识和实力的部署保证了这个想法得到保护和培育。创新的经验为扩展和发展技能以及方法提供了机会。

有需求吗?

有人认为必须要有需求的创意才能获得商业上的成功。因为没有可以感知到实际的需求,发明经常失败。需求既可以来自内部的战略意识,也可以来自外部消费者,两者都是成功重要的元素。

"设计是一种投资而不是成本。它是一种影响到业务各个方面的不断引发思考的过程。"
斯蒂芬·拜尔斯(Stephen Byers)

PDMA
产品开发和管理协会是一个全球性的产品开发和创新的倡导者。它的网站上提供了以案例研究和大量专业词汇为特点的出色的资源。

CIPA
特许专利律师研究所是英国专利律师(又称为专利代理)的职业和检验机构。这个研究所建立于 1882 年。它代表了英国所有登记在册的 1730 名专利律师。

市场机会

图 1

市场可以为经济增长和扩张提供大量丰富的机会。

新技术机会

图 2

技术能从公司内部和跨公司区域引发创新。

转移到市场

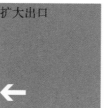
市场机会　　扩大出口

市场需求变化　　市场空缺

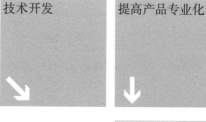
技术开发　　提高产品专业化

新技术机会　　副产品

来自其他产业的适应性

继续创新

关键成功因素

表 1

创新的成功是一个多维的概念，将与战略目标相关的因素与内部和外部利益连接起来。一次性的成功需要多一些好时机和一点运气。然而，从长远来讲，再次的创新成功要求小心的协作和调动技能和技巧。

衡量创新成功是一个复杂的问题，因为标准会因公司和每个案例的不同而有所改变。公司必须建立他们自己的性能测量。例如，定量的数据可能包括一年中用于新想法的大量时间或者大量的新的冒险，而定量数据能够评价公司的士气和意志，检验从不同项目中获得技能和知识的比率。从为产品性能开发的成功标准中学到不少。苏代（Souder）等（1998）提出了很多关于关键成功因素的建议（见表 1）。

1 一个独特，超卓的产品	一个差异化的产品给消费者带来附加值，独特的收益，提供一个竞争性的优势。
2 一个强大的鼓励以消费者为中心的新产品过程的市场定位	良好的对消费者的认知和反馈可以增强对这样的产品的期望，促进市场活动。
3 一个正确的组织结构，设计和氛围	一个集成了不同专业观点的**跨功能团队**。
4 清晰和尽早的产品定义	产品概念的定义，消费者利益和核心市场有助于形成精确的定位战略。
5 更加重视一致性、完整性和执行的质量	在每个阶段进行研究、测试和评估，以提高产品质量和性能。

公司机会

公司刺激并引发创新。

图 3

公司系列的空白

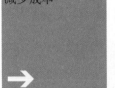

减少成本　　公司机会

提高公司识别　　市场建议

风险和回报

产品创新并不总能使公司获得成功。新产品的失败比率是一个频繁被引用的业务统计。对于新产品的每 10 个设想中，3 个可以开发出来，而采用的 1.3 个中，只有一个可以产生一些效益（佩奇 Page，1991）。统计呈现出变化是由于构成一个新产品的定义不同和构成产品成功的因素不同。然而上面的数据突出了设计产品创新中的巨大风险。在每个产品开发中所发生的成本可以达到几百万，一个适当的例子涉及埃兹尔·福特 Edsel Ford 和 "E" 轿车的巨大损失，这是一个巨大的失败，虽然福特在 1952 年投了 40 万美元。

设计机会

以设计为导向的创新触发动因涉及创意，在消费者眼中它能改变和提升产品服务质量。

图 4

从美学上改进

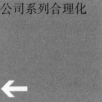

公司系列合理化

所有这些包括社会、政治、技术和市场的因素。因此，创新过程必须要仔细和有效地管理以减少失误的风险，并确保如果出现失败要从中吸取教训，以避免将来出同样的问题。

阿代尔·特纳（Adair Turner），CBI 的总监，认为 "缺乏设想正在令人担忧。这的确是一个转机，因为英国被认为也许善于设想，但是开发能力较弱。除非公司可以跟上新的构想，否则，在未来不会有任何创新。" 更多鼓舞人心的研究表明公司的反应越来越灵敏，能对消费者的压力做出回应。一项调查显示在最近 3 年，

跨功能团队

一个团队由来自涉及产品开发的不同关键功能的代表组成，例如市场、工程、制造／操作、财务、采购，客户支持和质量控制。

设计机遇　　改善行为因素

改善制造过程

超过五分之四的制造商已经引进了新的产品，以应对设想的贫乏，企业正在发展与其他公司的联系，建立与研究机构的关系。

CBI

CBI 的任务是帮助创造和维持一种条件以使得在英国的企业能参与竞争并能成功维护所有人的利益。这个机构提供管理手段、政策制定、信息，大量与企业相关的资源和法律支持。

供应链驱动的创新

确定了在新产品开发的初始阶段对识别性所做的关键性考虑，我们的焦点应该转移到供应商这里，他们是开发创新性产品的过程中有价值的和经常被忽视的合作伙伴。**供应链协会**给出了有关于此的一个清晰简洁的定义："供应链——一个现在国际上常用的术语——包括了涉及生产和提供最终产品或服务的每一项努力，从供应商的供应商到消费者的消费者。供应链管理包括管理供应和需求，提供原材料和零部件的来源，制造和组装，仓储和库存跟踪，订单输入和订单管理，所有渠道的分销，最后交付给消费者。"

简而言之，供应商是自己业务活动线上的专家；为了开发一个合理先进的产品

（考虑到技术和高度工程化的部件）很多供应商将参与进来。他们的参与可以从简单地供应组件到与组织更紧密的合作提供专长和知识。如果我们把所有供应商联合在一起开发一个新的产品，这个数字会令人印象深刻。例如，在开发一种新的波音飞机（见第 111 页插图）或者一个艺术品级别的丰田（TOYOTA）系列汽车时，很多供应商参与了进来。巨大的供应商网络拥有无可比拟的知识财富可供在新产品的开发中使用。

供应链系统一度有一个相当基础的过程：A公司需要部件，他们确定了一个适合的供应商，经过接触和谈判，供应商定期提供部件，除此之外很少再有别的因素参与其中。然而，现在随着消费者拥有相当多的选择，这种模式难以置信的过时了而且几乎显得多余；这就是通常所说的术语"需求驱动的创新。"

需求驱动的创新是一个反应灵敏和具有灵活性的类型，不仅能满足消费者的需求，而且远远要超出他们的预期。为了做到这一点需要建立一个系统，组织可以在此获得质量反馈，其中大部分通常来自于市场和售后部门。这些信息将纳入到包括了这些需求和期望的后续产品的开发。如果一旦成功，在消费者眼里这个产品就是值得期待和有价值的，这样就会促使不断地销售和提升消费者的忠诚度。需要考虑很多区别和复杂的变量以保持灵活性，顺应不断地变化和对消费者的需求作出回应。第一个变量就是设计功能和市场之间的关系，据此，可以获得丰富的有关质量和数量的资料，加以分析并被转化进设计需求中。第二个因素是在所有不同的供应商之间锻造更紧密与协作的关系，据此，当为新产品或为改进产品系列开发初步概念时，设计团队可以咨询和寻求专家的专业帮助。

供应商

图 1

在设计开发过程中，供应商可以提供大量的知识和专业技能财富。

公司

供应链协会
这个国际组织为所属成员提供供应链所有领域的支持和指导。
www.supply-chain.org

随着从制造商到消费者的权力转换，不断迅速变革的角色变得至高无上。在计算机技术和复杂的软件出现之前的时期，公司获得了权力的平衡，于是，他们缓慢地开发新产品并将它们提供给市场。现在我们正眼见着从组织到消费者的令人震撼的转换。不能理解这个权力的转换或作出相关反应的公司，将面临销售下滑和产品占有很低的市场份额的局面。

公司必须不断地创新，不仅要增强设计力量，还要与客户一起协作寻求创新，理解客户所想并将这些复杂的数据转换成公司的设计规范和需求。一个著名的例子是"大规模定制"，为了吸引和适合个人需求，对大规模的市场产品进行裁剪和容纳处理。一个有关大规模定制的极佳案例是利瓦伊（Levi）牛仔裤，消费者可以在线选择适合他们身体特点和购买偏好的服装。

"大量的考验和失误使得事情看起来很容易。"
比尔·莫格里奇 Bill Moggridge

供应链知识　　　　　　　　　　　　　　　图 2
设计团队可以利用供应链的知识，在
NPD 过程中向市场提供新的产品。

供应商A

公司

设计团队

供应商B

新市场机会

供应商C

总结

创新是企业的命脉。不断更新或提供新颖的产品是企业永葆生命力的先决条件。然而为达到这个目标需要有前瞻性和灵活应变的计划，在紧张的时间期限内能顺应市场的要求。消费者是有见识的，尤其是在作出自己的购买决定时；随着客户的变化和市场迅速分化注定了市场竞争的存在。其结果就是促使企业与供应商保持更近的关系，一起工作分享密切的市场情况和高端专家的生产专业知识，通过设计和新产品开发创造新的市场机遇。案例研究的特色在于：本书阐明了在供应链上通过与合伙人的合作，设计师如何倡导变革并在创新中起到催化作用。

设计漏斗　　　　　　　　　　　　　　　　　　　　　　　图1
通过合作行为设计师把供应商、客户、
市场联系在一起了。

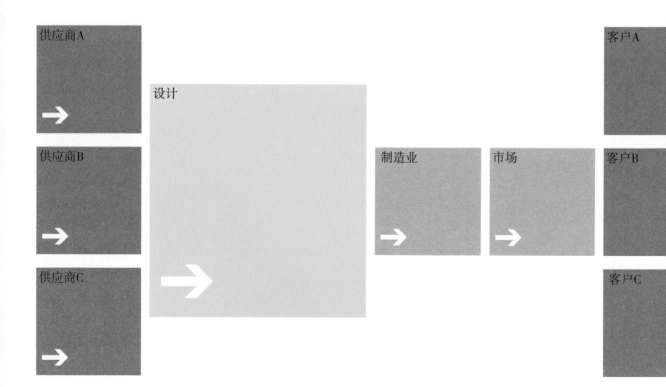

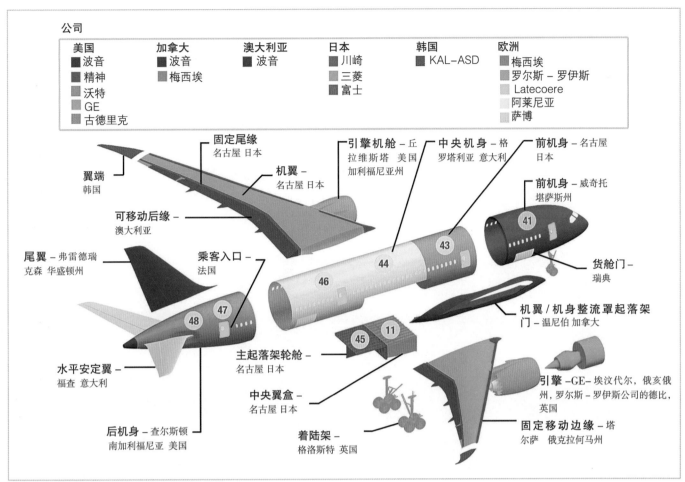

图 2

当开发一架新型波音飞机的时候，大量的国际供应商会参与进来，通过企业活动的每个方面波音公司践行着对设计深刻的理解。

"做得不同很容易，但是做得更好却很难。"

乔纳森·伊夫（Jonathan Ive）

案例研究

通过设计领导力获得产品成功

这个案例研究了设计师在驱动供应链上的创新所扮
演的关键角色。它始于对现有产品进行基本的再设
计的需求，就产品开发的关键阶段提供了循序渐进
的研讨。最初的设计概要非常灵活且开放，很大程
度上允许设计师团队进行演绎。这个审慎研究的角
色和投资为现有产品的使用提供了无价的洞察力。
通过与连锁供应商小心与紧密的合作关系，设计师
利用专家提供的知识，并将其带到产品开发的各个
细节设计阶段。最后以一个讨论总结了在项目持续
阶段多机构参与的益处。

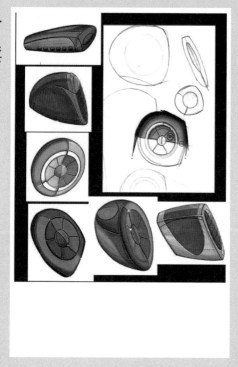

图 1

最初的仪表盘造型探索草图。

公司

普罗米修斯 (Promethean) 有限公司位于英国，专门为学校的团体教学提供 ICT 设备供应，建立培训系统。普罗米修斯公司创建于 1996 年，其技术已经在全球建立了知名度，公司很快成为了欧洲领先的互动系统的开发商和制造商。普罗米修斯荣获 1999 年英国设计理事会颁发的"千禧年产品"奖，它的系统在技术的领先领域得到广泛地认同，其产品仅在英国就被安装了 6000 多套。

设计师

巴克斯顿·沃尔（Buxton Wall）产品开发有限公司建立于 2002 年，由鲍勃·巴克斯顿 (Bob Buxton) 和艾伦·沃尔 (Alan Wall) 创建，其目的是与巴克斯顿设计咨询公司同时运行，但仅仅集中于已建立了忠诚度的项目上。今天这仍是这家英国本土的公司首要的任务，此外它还提供了一个综合设计咨询服务。它已经在不同的市场中参与设计了许多成功的产品。这些设计师们非常熟悉制造技术并与他们的客户一起工作，最快速和发挥最大的成本效益来帮助他们进入市场。

图 2

第一代手持的Activote面板。

图 3

小学生们与Activote系统。

电子白板的概念

在本质上电子白板的概念是用新技术建立友好的用户系统旨在取代教室、会议室和讲台上传统的展示系统。它是一个全面的教学资源库。但最重要的是它不是一个被仅设计应用于 ICT 空间的工具——而是一个跨学科的工具。电子白板用亚光白进行无眩光保护，它可以让用户在最简单水平上去利用它——作为一个干擦的标记版。

电子白板最初的目的是作为一个投影仪的屏幕连接个人电脑或录像装置。此时电子白板用于取代干擦标记版和黑板、OHP、翻转图和电视。投影仪安置在电子白板前面，电脑或录像机上的图像就会闪现在它的表面。在移动状态下，投影仪可以安置在桌子上或手推车上，而投影仪也能安装在顶棚上。

连接在 PC 屏幕上的图像通常是在监视器上展示，被投射在电子白板上基本上能转换成 75 英寸的监视器。因为它是电子的，用户可以用免电池的笔在上面直接运用，如同鼠标在电脑上操作一样。

使用提供的软件，用户还可以在任何 PC 应用程序、网页或图片上用电子墨水标注。这些标注是数字化的，因此可以被打印出来，也可作为网页输出或存储在盘里。此外还可以在电子白板上徒手注释超过 100 个预置的注释，其中包括地图、科学设备、栅格与文本框。因此一个老师可以保持控制前面的 PC，与小组成员一起进行资源共享。

电子白板通过屏幕形成小组互动，在教室的任何地方都可以被控制，因此老师可以随意活动也能控制 PC。同样的，学生可以不必离开座位也能与教学内容互动。

电子白板也可发挥主机无线电的传输功能。公司已经开发了"教室回应系统"，在功能上和意图上与"向观众提问"相似。此外。还可对注册过的小学生或个人设备进行检测和评估。

"即便想法相当粗略，基本上能说服所有的供应商，我们已经确定了这个项目的工作并在收集他们的意见。在最终产品上他们的专业性意见是非常有价值的。"

项目开发

设计概述

现有商品的再设计首先要以最终用户使用的方式来实施。最初的用户反馈提出最终用户缺少明显的触感和可视化的回馈。从整体来说这个系统极其有效，然而，最终用户因界面问题需要对手持投票设备的设计进行再评估，设计师迈克尔·托马斯（Michael Thomas）初步研究之后，在原有的产品设计中提出了大量值得关注的问题。

迈克尔·托马斯指出："原来手持的设备其整体的形式是最大的问题之一，这个问题就是它非常像电视遥控器，它还有一个最大的缺点就是当孩子们投票的时候他们就像用电视遥控器那样，实际上它是对着空中在操作。他们不会意识到或者以视觉识别他们在投票过程正在做什么。"

用户研究

设计概述之后就可看清楚最初的问题，已经建立了客户端的需求，设计师继续从用户的角度来研究。他们访问了英国谢菲尔德的学校，已经测试了这个项目，不仅与学生交流发现了产品的问题，而且也与老师及学校管理部门一起工作，发现他们希望从系统中获得的需求。这为设计团队提供了初步的线索，如产品如何运用，它目前的缺陷，如何提炼并提升现有的设计。

设计概念开发

在学校与研究领域汇接，设计团队调查了目前市场及相关产品，为这个特别的手持系统进行尝试并将创意注入其生产过程。他们开始尝试最初的主意，这一阶段需要论证想法以确保他们对计划中提出的所有条件，确保设计师在正确的方向上行进。在最初阶段投资人也紧密参与其中，设计团队发展了许多概念性的提案，并在内部进行审查评估。在概念的评估中，基于来自行业内专家的各种意见而做出正确的决策。而这决策程序也必须考虑公司未来的发展战略。

图2

最终的产品。

图1

精致渲染的表现图体现全面投产前的控制仪。

细化设计

在设计细化阶段，是将萌芽状态的创意向最终产品推进，完善和发展成可行的解决方案。选定的供应商更密切地参与材料的选择和生产加工，提炼出其可制造性方面的问题。设计师与所有产品供应商协调一致的工作，来回往复地不断沟通以确定他们的设计思路被完全忠实地表达。设计师说："最初我们不得不完全依靠快速成型，利用CAD数据论证我们的设计思路，在直接进入到加工程序前进行安全的检查。我们用这些工具进行沟通，再次运用快速成型工具与供应商网络进行沟通；接着我们开始了加工过程，这个过程中快速成型即将见分晓，而其他的供应商将参与进来，协作完成诸如包装、图形设计、标志设计、技术参数等类似的事情。"

落实

在设计过程中的其他所有阶段，设计功能被贯穿整个项目，但在落实阶段，设计师会退一步与客户一起进入到更关键的环节。这很大程度是由于投资因素，如客户就融资产品做出战略决策，现在会更加直接地保持与供应商的联络。为确保仍能达到设计意图，设计师在与客户和供应商工作之中仍保持重要的职能。

在产品前期阶段，会首先关注设计功能，这样才能确定完全达到设计意图。虽然这点在整个阶段已经被确定无疑，但在提出全面生产之前，他们随时回应其间的任何问题。同时客户与供应商保持联系以确保在整个生产过程中成本的有效性发挥。

总结

当产品进入到生产阶段，设计师的角色变得不那么重要了，他们可以就最终的模型的提炼和保修问题提出简单的建议。最终的产品是全部设计决策贯彻在 NPD 计划的整个过程中的体现。

这个案例研究说明了集中在产品设计和开发的过程中面临的各种关键性问题。在项目实施的最初阶段，设计师进行了广泛论证，在学校的教室去看孩子们如何使用产品并与之互动的。其结果是取得了一手的资料和信息，使得设计概念得以实现，设计顾问和普罗米修斯之间得以完成沟通。

"在这个特别的产品上很容易能看到关键性的设计决策，其决策贯穿于整个协作的过程，用户、客户、市场部门和供应商自始至终都参与其中。"

图 1

最终的产品是全部设计决策贯彻在NPD
计划的整个过程中的体现。

后记

作为一个产品设计过程的发展，更多的人和公司参与提供了专业性建议和从技术功能层面考虑的知识。这是创新如何能发生的原因；这个技术术语是"通过供应链创新"，即主要供应商和利益相关者在设计方案中某些关键部分贡献出他们的专业知识。成功的掌控和有效管理依赖于技术和设计师认真协调和管理中表现出来的说服能力。有人说有很多超越于创意和创新的技巧参与设计的过程，正如这个案例研究说明的，无价的沟通技巧，直觉力，对最终用户的经验与同理心，都是这个互动设备全面再设计成功的组成成分。

1　精心打造的设计概要使设计师具有解释的灵活性和获得创造的机会，为什么这是很重要的？

2　在搜集最初的数据的时候，人种学的研究有什么独特的利益？

3　在设计开发过程中包括不同的利益持有者其重要性为何？

4　在生产前要考虑并解决全部生产问题，为什么说这是至关重要的？

5　从开发新市场的角度考虑，你会将电子投票系统推荐给其他什么样的用户使用？

推荐阅读

作者	题目	出版商	日期	评论
贝克（Baker,M.）和哈特(Hart,S.)	产品战略和管理	金融时报/普论迪斯霍尔Prentice Hall	2007年	这个当代高端的学生教科书对产品设计管理与开发,企业战略做了智慧的说明。
巴克斯特（Baxter,M.R.）	产品设计：新产品开发系统化的实践理论（设计工具书）	CRC出版社	1996年	在产品设计领域的教科书，具长效性、普遍性、知识性和可掌握性。
贝桑特（Bessant,J.）和蒂德（Tidd,J.）	创新与企业人	约翰·威利父子	2007年	以介绍性的文字探讨了创新与企业人及优秀的案例研究使得本书具有知识性和可掌握性。
蒂德 贝桑特和帕维特（Pavitt,K.）	管理创新：整合技术、市场和企业的变革	约翰·威利父子	2005年	本书在创新的角色和属性上提供了一个广泛的观点，这在战略化的企业水平上有不可估量的价值。
尤尔瑞奇(Ulrich,K.T.)和伊平格(Eppinger,S.D.)	产品设计与开发	麦格劳–希尔高等教育	2007年第四版	经典的指南清晰地探讨了成功产品开发的所有内容及问题。第四版证明了它广受所有设计专业学生的青睐和欢迎。

设计战略

在复杂和多变的商业环境中，设计师和设计经理人最适宜识别新的市场机会。这一节描述了为何及如何要将设计纳入战略规则，以及它能为战略的成长带来的利益。

全面设计　　　　　　　　　　　　　　　　　　图 1
设计是一个全方位的活动，结合了商业
运作的所有领域。

设计的感知性　　　　　　　　　　　　　　　　图 2
设计是一个"外部的"使用者感知公司
的最重要的途径。

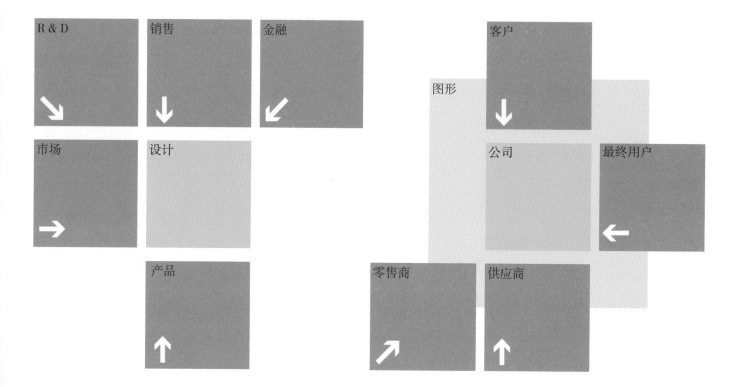

沉默的战略家

高级管理人员承担的共同发展战略和制定行业惯例上，缺少其他商业功能的投入，更经常缺少设计师的参与。真实情况是资深人员组成的小团队所设计的联合战略对企业中的每一个人都有着巨大的影响。所作的决策基于逻辑的思维、对原始数据合理而客观的分析，这些数据有不同的来源–包括销售数字，市场信息和项目销售。然而可以说设计师同样适于在战略开发中的贡献，从直觉力上他们有着独特的技能和最新的观点，尤其当新产品和服务正在开发中，设计总是与市场联系紧密。当我们在这个设计过程中增加了设计管理，设计更具有战略性，设计师将所有分离的商业职能连接在了一起，采用了一个全面的大视角。

考虑到这一点会是一个合理的建议，将设计纳入到战略发展过程会有一个强有力的证据。在这章开始，我们看见了艾伦·托帕利安(Alan Topalian)和雷蒙德·特纳 (Raymond Turner) 呈现了一个很有说服力的案例，关于设计领导力和在企业战略中有价值的贡献。**彼得·戈尔（Peter Gorb）**在 1980 年提出了有关沉默的设计一说，其中谈到许多企业中的设计师没有头衔和位置，甚至不知道设计领导力而致力于设计决策的过程，因此被冠以"沉默的设计师"。我们能进一步采取同样的理念，来表明设计师甚至不知道它的作用，而作为"无声的战略家"却为企业战略做贡献吗？设计内在地、不动声色地参与到新产品的开发中，通过在企业中每一个被设计的环节创造新的特征和价值系统，它转而影响着公司内外的利益持有人如何看待公司。

因此，这个影响会被加诸于商业行为、市场可视性和长期可持续性——所有的战略考虑之上。众所周知智能化的优点和体贴的设计是重要的，反过来思考，是否设计没有小心和敏感地应用这些效果也同样重要。随着在每一个战略决策中固有的动态，难道设计不应该成为领导者的代表吗？这也许会被认为是因为设计的影响会被领导层调整和考虑的结果，可是设计支持本身的表现却欠佳。

价值传达　　　　　　　　　　图 3
设计将公司的价值传达给所有"内部的"利益持有者。

形象
公司
利益持有者

彼得·戈尔

戈尔是伦敦商业学院设计管理的资深研究员。他是设计管理领域教学的先锋，已经出版了广泛的有关设计领域的论著。

董事会 图1

战略设计的考虑需要董事会有力的领导。

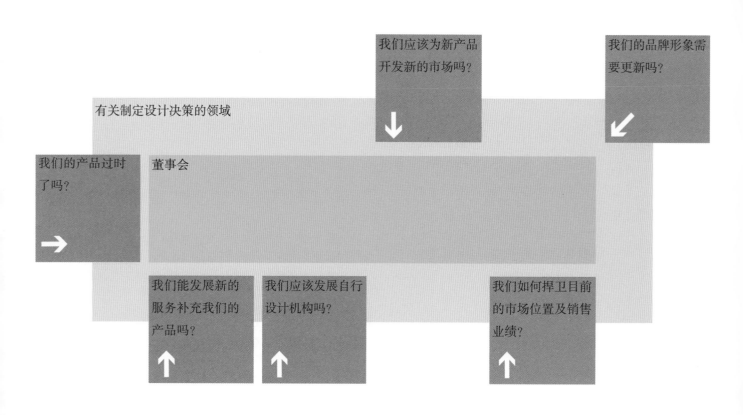

"制定战略的责任必须分发出去，最高的管理层必须放手在战略创造上的垄断。从这个意义上说，没有政策模式上的创新你就不可能在商业模式上创新。"
设计理事会

王子与贫民：
设计师是战略家?

设计相对于其他的商业功能来说，能为董事会制定政策提供了不起的价值和独到之处吗？除了表现战略意图，设计也"设想"了新的未来和不能被忽视的商业情节。那么哪些是有价值的战略发展独有的特征？首先，跨越领域的"可能性"或产生未知的未来；如果我们回顾设计师所具有的特征和技能，创新、创造力、野心和冒险等这些说法都会脱颖而出。当发展新的产品和服务或者改变一个现有产品的系列都要结合以上所有的作用；将会开发出无尽的市场机遇。经过蓝天思维和不受限制的概念开发，就能找到通往新市场的道路。

列举一个简单的例子，如果公司独立地生产轻型防水夹克，希望开发新的市场机会，通过设计他们能吸引漫步者或垂钓者的兴趣（通过使用新材料增加防水系数）；或者吸引骑自行车的人（在后面设计更多的口袋以放置饮水瓶之类的）等等。那么随着设计参与在最初概念的阶段，新概念，更换主意，和市场研究会在产品系列的战略开发阶段起到相当大的作用，引领着新的消费者和市场的成长。开发概念和新点子是设计师武器秘籍里最小的一部分，其中最关键的部分就是将之视觉化并传达出来。

设计教育和设计实践中一个最影响发展的方面是将抽象的想法概念化和视觉化并传达给最广泛的受众。它能带来许多不同的形式，大部分常见的是二维的动画和三维的模型。著名的维多利亚式的"英雄"工程师伊桑巴德·布鲁内尔（Isambard Brunel）为他的民用工程项目

经常通过雕刻奶酪来表达复杂的形式，在探讨和咨询中跟他的受众沟通。

随着新技术和软件的应用，室内设计师和建筑师可以带着用户进行一段虚拟的旅程，将内部空间结构和设计的细节在实现以前很难想象的部分以可视化的方式呈现出来。产品和工业设计师也能为客户呈现360度视角的全景虚拟的空间，为正在生产的产品提供一个翔实和全面的展示效果。其间，很容易能找到建议、进行评论、需要修改的部分以及实施，就拓展概念的手段而言，能很好地体现出成本有效性及时间的效率。

"设计师为战略注入能量，他们发现了前进的方向，他们目前的可能性和发展空间是巨大的，我们需要他们的创造力——也许永远都需要。"
设计理事会

创新水平　　　　　　　　　　　　　　　　　　图 2
从水平1到蓝天思维

蓝天思维					创新
水平-4				创新	
水平-3			创新		
水平-2		创新			
水平-1	创新				

设计管理的可视化与价值

飞机、火车、汽车：
哪种方式更先进？

就设计师为何及怎样为战略开发做出贡献已经建立了广泛的语境，现在值得聚焦于战略构想潜在的方面。在本质上，一个战略是达到明确定义的目标最有效的方法，虽然可以有许多可供选择的途径或方法，但哪一个会以最小的支出和降低风险产生出最佳效果？为了证明这个难题有一个简单说明，我们可以说我们希望有一段从英国到北京的旅行：最佳的方案是什么？首先成本是一个因素吗？得到一张低成本的火车票是值得的吗？是的，价格会被大大降低，但旅行的时间量程在穿越欧洲及更多地方的时候会被延长－因此成本是合适的，但是旅行的时间却超出了。

然而，如果这个问题不是成本而是速度，那么选择空中旅行将是最佳方案。如果成本和时间都是无关紧要，而旅行的"体验"是极其重要的，那么一个豪华的漫游将会是最适合的，正如我们能看到的，一段直接在 A 与 B 之间的旅行涉及三个策略选择，因此清晰地识别关键的意图和目标是做出决策的过程最重要的部分。

同样的途径到战略构想能涉及多种设计介入方式。第一种能限定定位明确的价值水平到现有的产品，或为投入到一个专门的市场划分的新产品和服务精心定位。一个公司也许希望发展一个产品系列，明显地为"上等市场"附上高价的价签，或者发展低成本系列的产品，吸引更广泛的、较少做限定的消费者受众以达到更高销售量。另一种发展稳固战略的硕果累累的方式是内部审计保留在企业中的能力和知识。

设计擎天神是由设计理事会提供的一个优秀的工具，能指示出考虑因素中的关键点和聚焦的区域，使企业能从专业角度了解自身，而且还能为未来发展提供思路。如果一个企业决定开发一个具有野心的产品和服务系列，但是自身内部没有能力执行这个战略，他们将如何克服这点？当为进一步实施选择最有效的战略方针时应该考虑到所有主要的方面。

哪一种方式最先进？　　　　　　　　　　图 1
能达到清晰定义的目标的战略都是最有效的方式。

设计提升的途径　　　　　　　　　　图 2

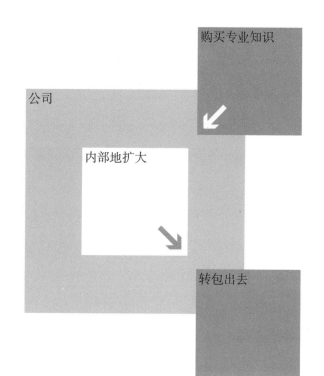

豪勇七蛟龙：（名称取自美国经典西部片，七位高手扫荡强盗的故事，在此比喻七个重要原则。——译者注）

设计救援

为将设计纳入到战略发展的过程中呈现一个具有说服力的案例，以下是为什么设计师应该被邀请进董事会的七个关键理由：

1　**经验主义**："眼见为实"和设计师崇拜这个教义比其他的法则更多见。为了理解设计的问题，通过第一手的研究和观察，清楚了解它广泛的背景。透过调查的多棱镜在这个过程中发现独有的观点，它提供了一个其目的更具广泛意义的战略。

2　**同理心**：通过一个以用户为中心的途径到概念的发展。设计师把消费者和最终用户视作灵感和直觉力的关键源泉，通过他们找寻对问题的理解和随后的解决方案。虽然这个具有移情作用的方法难以捕捉用户信息，却有助于激发创新，在最终设计的结果中启发了消费者。

3　**政策：**通过设计发展的通道确保"意图"与"完整"，最初的设计概述得以坚持，每一个所作的决定通过这一过程在最终结果中被具体化。为了达到这一点，设计师将配合他们说服性的技巧促使管理所有代表着利益持有人之间的关系。这样，通过设计政策，设计的意图得以确保。

4　**完美主义者：**设计师因其他们特有的本质而被认为是完美主义者，对他们想要的解决方案持高度批评的态度。点子和概念被开发、实验和精炼；如果概述清楚地表述出产品 A 应该吸引市场的受众 A，那么他们将全力以赴以求完美达至目的。

5　**自由思维**：为了产生新颖的点子和概念的提案，会充分利用蓝天思维和其他"思维"工具，通过发散性思维和汇聚性思维过程，在帮助提升企业行为的同时也支持开发出创新的产品与服务。

6　**灵活性**：战略是一种不间断的动态，随时处于转化、改变的状态；设计的每一个部分都支持着改变因而呈现灵活性。能快速地回应商业环境的变化，有迎接挑战的能力被视作为一个设计师最大的回报。

7　**沟通者**：设计过程中在利益持有人面前表现出善于言辞和视觉化的沟通技巧，将复杂和抽象的概念传达给最广泛的受众，尤其是那些对设计不熟悉的人。传达保证了沟通，分享了点子，是设计师驱动参与了这一活动。

豪勇七蛟龙　　　　　　　　　　　　图3
在战略构想过程中七个关键的贡献：

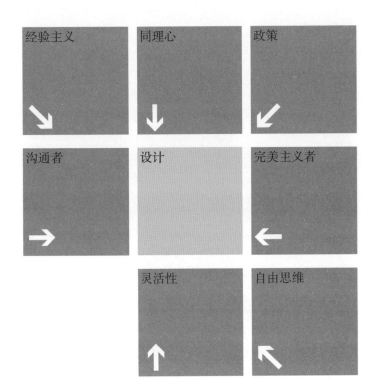

设计擎天神

一个审计工具被用于帮助企业获得它的实力分析以控制设计活动。研究显示设计擎天神是连接设计项目活动的驱动力。这个工具已经得到了设计顾问的测试，他们就职于一些设计咨询服务机构如英国企业链接网络，在许多设计理事会支持的项目中它被列为核心要素。

案例分析
合作创新

这个案例分析提供了一个独特的视角来审视设计的
多方面角色,尤其是在将一个新颖的创新的产品推
广到市场的时候,设计师应具有克服许多设计和技
术问题的技能。细致的交流是项目成功的关键,因
为细致的交流是一种与许多不同的专家和供应链伙
伴交流的能力,它能分享与包容许多不同的有时甚
至是相反的观念。在设计发展项目的分离阶段中促
进来自非设计公司的专家与知识的融合。回顾过去,
Exertris 健身自行车的成功可以归因于两个不同的方
面:首先,发明者设计出原始的简单的概念;其次,
PDD 的专业人士将概念带入市场。

"如何使运动做起来更加有趣?"

Exertris 是一家成立于 2001 年，初始资本来自于风险投资的新兴公司。它的负责人是两个来自布鲁内尔（Brunel）大学的工程专业毕业的大学生，他们热衷于健身并决定将他们休闲爱好与根本的商业概念相结合。Exertris 的互动健身自行车投产于 2001 年 10 月。现在公司总部设在伦敦。

PDD 是全球领先的设计咨询公司之一，它的总部设在英国。他们拥有超过 25 年在全球市场上致力于平衡未来机会和实践现实的经验。他们的经验覆盖消费产品，高科技仪器，医疗，数据通信和包装行业。他们拥有 65 名有研究、产品设计、工程、多媒体和交付设计技能的专家。

"这是创新的神奇一面——我们已经相信它并利用它。我们与 PDD 的团队协作已经有非常好的回报；在未来我们很高兴将他们视为我们的合作伙伴。"

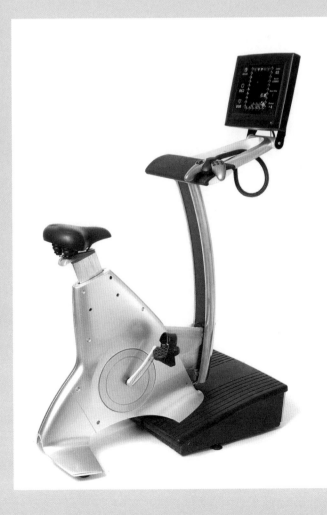

图1和图2

Exertris健身设备。

经济背景

明特尔（Mintel）的研究强调：在过去的一年内，在常规的基础上将近6/10的成年人参加至少一项体育活动。项目体育常规参与的人可能男性多于女性，并且与年龄有很强的相关性——多于8/10的15~24岁的人参加体育运动，并且各年龄分组随着年龄增加参加人数稳步减少。社会经济分组也是一个重要的因素，将近3/4的ABs（专业工作者）和只有1/3的Es（无技术的工作者）正常参加体育活动。参加体育活动的原因是为了放松和体育运动的社会性方面的比例分别是：26%和24%；而只有15%的人说是因为要减肥而参加运动。塑形，有氧运动和舒展是在调查当中最受欢迎的健康运动。12%的人有计划地去健身房或做体重训练，7%的人至少每月一次。

产品

Exertris 开发的"健康体验"概念从根本上打破了用户与健身器材交互过程常产生的单调。阅读报纸或者看电视设备仅仅使用户短暂的分心。Exertris 想要通过在健身单车上应用先进的、交互式的软件直接与物理锻炼相连接，开发一种创造完全的思维和身体体验的机器。Exertris认为这个概念："是唯一的；系统激发，挑战，刺激。"这个设计的足印与标准锻炼单车一样。它的人类环境改造、标准组件设计包含自我诊断测试方法使系统维护容易和可操作。系统支持以下先进特征：

—— 一个触摸汽油帮助框架调节装置

——先进的变速箱和电子机器刹车系统

——交互软件和游戏：Gems；单人纸牌；转盘；太空旅行者。

"首先，它包含一个漂亮、极现代的、革命式的交互技术的自行车，这种交互技术击败了运用过程的乏味并让时间很快溜走。"

图 1 和图 2

设计的概念意图，勾画出产品使用的主要细节。

设计发展过程

公司负责人在健身产品上进行广泛的市场调研，并且实际参观了"在英国南部的所有的健身和休闲公司"。实质的初衷是如何开发一款游戏和交互产品，它们能从物理层面与用户健身活动相连接。负责人就这个初始设计问题咨询了PDD，询问同时用于开发和执行循环机器和游戏软件的专家技术。

概念开发

首先，PDD将这个想法转变为可以实际操作的"论证原理"。一旦双方同意这个概念可以被进一步推广到商业阶段，Exertris将开始为此冒险筹集资金。通过重复、相互分享概念和理解整个概念的潜力的过程，PDD和Exertris将展开进一步紧密的工作合作伙伴关系。

图3

Exertris机器的分解图。

很快地，PDD管理为概念创建了一个创新的资产负债机制基础。PDD的大卫·汉弗莱斯（David Humphries）指出"我们管理着专利软件'踢回'的方式和循环中的资产负债机制的特殊连接。"在任何时候，以专业工作范畴而言项目团队的组成是多样化的。工程师们有一个强大的输入周期，设计和测试至少四个思路，根据最初的设计概念，以及对资产负债机制的新的专利，Exertris能够争取到更多的资金通过风险资本，进一步采取商业化的设计。通过在周期中的发展，Exertris在工作中建立了与软件顾问的紧密联系。他们的投入被认为是至关重要的，在与其他专家的工作中，共同将不同学科联系在一起了。

原型测试

PDD建立室内自行车的初始原型，然后在当地的健身房测试。设计师说："我们即将与首批健身房合作，这个健身房将正式的放置15台这样的机器；在这个国家，几乎所有高级健身房将拥有其中一台进行测试。"他继续说道："通过在健身房测试这些自行车，我们发现让人们坐在这些自行车上并不是问题——但是实际问题是让他们离开……你必须记得这是一个完整的经历，因为使之相互联系的概念在这之前还从未发生过。"

跨越领域

这个项目成功的关键部分是设计项目领导建立的一个网络工作，他需要跨越不同企业领域和学科属性。项目领导并不是一个工程师，尽管项目是一个工程主导的项目。但是他有很好的组织技能，这能使他在项目需要的关键知识投入时号召专家并且整合这些功能以形成一个集中的团队。

戴维·汉弗莱斯（David Humphries），PDD的战略负责人，评论道："……在这些类型的项目中我发现许多有趣的事情，一些设计师并不需要真正明确那些有很多技术投入的地方；同样的，技术人员也不需要明确工业设计。但是，这儿有一些人，他们在跟进整个项目的过程中感觉非常舒服，因为他们从中更全面地看到了这个项目。"

PDD 依靠他们部件、材料和过程的外部供应商的网络，将与工业相关的知识和专业转变成项目。

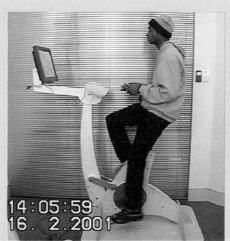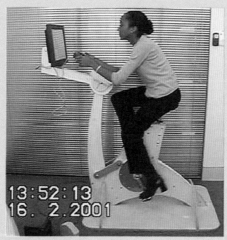

图1

原型的每一个研究与测试。

设计贡献

这个项目的成功可能首先要归因于贯穿整个项目阶段的设计师参与的内聚特征。项目经理的角色和技能是将与自行车机器相关的所有不同功能联合在一起，将这些相关人员捆绑形成一个集中交叉学科的团队。通过与不同小组的清晰的或模糊的交流，项目经理设法使团队分享知识和技能，这大大的导致了项目整体的成功完成。戴维·汉弗莱斯这样评价项目经理的作用：

"……在项目经理被指定之前，我们完成商业论证部分。一旦工作确定下来，项目经理也被正式任命，项目经理可以是项目团队成员之一。一部分取决于谁有时间，同时谁合适这个工作。这要综合很多因素，但是最终取决于技能和项目可能需要的技能类型。如果工作有 70% 的设计工程，你并不需要有一位 CAD 专家，反之亦然。"

"项目经理不是一个工程师，他是一位有经验的工业设计师，但是有很好的整合技能，这使他能成为任何他想成为的人，当超出专业范围时，他还具有号召专家的能力。"

人们常争论，这类设计授权的形式很适应跨越领域，跟任何水平的人沟通，将人们引入并持之以恒直到他们从相关专家那得到正确的答案。戴维·汉弗莱斯进一步阐述：

"……这对 PDD 是有帮助的，因为这是企业文化的一部分，我们是如何被组织的。这全是关于在鼓励的基础上整合不同的技能的内容；当一天结束时一些人会比别人做得更好……项目经理将所有复杂的供应链输入符合他的方式，即便他在涉及的很多问题中并不是一位专家。更重要的，在另一边的人们感到与他合作十分舒服，这是一种重要的力量。"

总结

构想是相对廉价和简单的程序，将这些想法转变成商业现实是充满着风险并会带来整体失败的可能。在很早阶段，两个年轻的企业家就意识到了这些，决定减小风险和引入一个知名的设计咨询公司帮助将他们的想法转变成现实。工程技术是独一无二的，并经过很好地设计，但是它要求通过重点的战略设计来强化使之更具吸引力。通过参与战略设计联盟，失败的风险被大大削减了，很大程度上取决于 PDD 广泛的商业经验和将纯粹的想法转变成现实方面的专家。然而，这个过程不可能没有大的障碍，尤其是当使用模切技术并将它运用于健身自行车的时候。为了克服这些障碍，项目经理将支持者和这些领域知识的专家列出清单一起解决产品问题。伴随着这些制造中面临的困难，建立了长期计划和版本，也为用户提供了更多的附加值。为提供独特的卖点，新游戏被融入机器技术。这反映了公司的品牌价值，冠以使健身更富趣味和回报的活动。现在通过创新这个成功的核心点，Exertris 牢牢地建立了作为健身器材的领先供应商的地位。

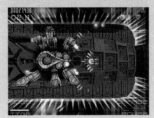

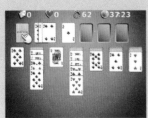

"为了让游戏面向所有人，游戏的范围从太空入侵风格，善与恶的对抗，到传统的单人纸牌。"

后记

这个案例研究很清楚地证明了设计团队的参与，尤其是领先设计师，通过合作行为驱动创新。通过清晰地识别技能和所要求的专业知识保持向前发展的态势，与合作人联合克服看似不可逾越的问题。然而，与其把发展问题视作障碍，不如把设计和技术的考虑作为来自独有的、多变的视角一个探索的机会。设计是被用于提供一种手段的工具，借由活动的过程和结果建立一种普遍的理由使分离的学科交汇并自由地共享创意和专业知识。它展示了设计团队多种技能的属性，超越众多不同的领域分享一种共同的语言：敏感而周到的沟通。

1　为了测试最初设计创意的全面性和有效性，你会使用什么样的工具和技术？

2　设计发展的过程充满了冒险的烦恼，你如何能降低项目全面失败的风险？

3　发现一个设计师相对容易，选择正确的设计师确实是困难的，你如何寻找能做出正确决策的设计师？

4　和设计师团队一起，分享你创意的想象力和独有的利益，为设计发展建立一个稳定的基础是很重要的，你如何处理这件事？

5　你怎样衡量项目的成功？除了单位销售之外，你会使用其他什么样的评估工具？

推荐阅读

作者	题目	出版商	日期	评论
巴克斯特（Baxter, M.）	产品设计 为新产品开发系统化实际方法	查普曼·霍尔 (Chapman Hall)	1996年	高度推荐此书，为新产品开发提供广泛的探讨，为创意思维的完成提供工具和技巧。
布鲁斯（Bruce,M.）和库珀（Cooper,R.）	创意产品设计：捕捉管理需求的实际指导	约翰·威利父子	1996年	基于广泛的研究，本书阐明了进取性计划的重要性和以用户为中心的思维。
库珀（Cooper,R. G.）	赢得新产品：加速创意发射的进程	Perseus图书	2001年第三版	罗伯特·库珀（Robert Cooper）是NPD项目的世界级专家，本书提供了在他聚焦设计过程中丰富的经验，及其优秀的洞察力。
麦克格雷斯 (McGrath,M.E.)	新一代产品开发：怎样提高生产力，削减成本 降低循环周期	麦格劳–希尔专业出版社	2004年	在战略价值上一丝不苟、全面的探讨，新产品开发的应用，对学生和从业者有不可估价的作用。
史密斯（Smith,P. G.）和瑞纳森（Reinertsen,D.G.）	用一半的时间开发产品：新规则，新工具	约翰·威利父子	1997年第二版	再次同库珀一样的脉络，为了提高NPD的效益，作者提供了一系列复杂的工具和技巧。

设计合作

这一节由克里斯蒂安·德·格鲁特（Cristiaan de Groot）教授提供，讨论了他全面参与的热屋项目，这是设立在新西兰尤尼泰克大学里的"创意仓库"中的一个创新手笔。热屋为设立协作创新团体提供了观点。格鲁特博士谈论了热屋的最初的概念，提供了"为世界创新"产品的范例，来自于协作的活动。在本书最后他进一步探讨了热屋和它的建立在协作基础上的战略意图。

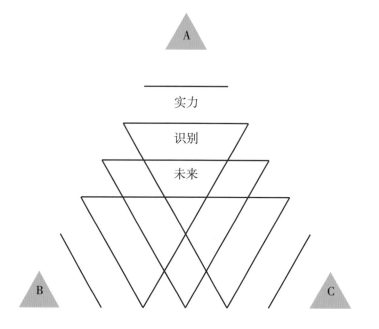

合作创新　　　　　　　　　　　　　　　　　　　　图1

热屋的介绍

热屋是在新西兰的一个以设计为导向的开放式的实验室，联合开发新产品与服务，为年轻设计师和多种企业之间提供支持。热屋采用开放创新的超前形式，促使多种团体发挥许多捐款者的实力和不同之处，在研究中获得真正的突破点和意义重大的进步。

热屋背后的主要思想是：企业以及企业通过推介设计师作为第三个团体的项目开发人之间的联合协作，由此激发其动机进而产生新鲜的点子和创新。运用其规则的背景是由SMEs支配的新西兰经济。在没有引出抑制增长（时间、意象）的特别问题的情形下，如果无形的资源（经验、知识、IP）没有被改变，这些潜在的增长就能被释放出来。因此，如果有学术性的企业作为值得信任的、有经验的指导者和支持者，就能推介一名年轻设计师，帮助协调合作关系，进而建立能运用多重关系的合作创新团体。

协作

在过去，企业的合作很大程度地受限于策划过程和被规范在纵向的供应链上。横向的合作，即跨不同的公司，甚至跨不同的产业类别，已经被限制在IT、制药交互特许的情形下，或被限制在共享最佳运作经验的公司为基准的过程。一个开放创新的激进的版本（通常被描述成在协作的企业家身份中的迈尔斯（Miles）和斯诺（Snow）的竞争策略），得到完全不同的市场合作创新、也获得不同的公司运作方式，其结果往往产生新的公司。

开放创新

开放创新是一个概念，被用于描述合作带来创新的独立团体或公司。其他的概念如COINs（合作的创新网络）被同样地定位。这些创意协作当代模式背后的准则因差异衍生出不同的意义。事实上可以说所有的意义是不同的产品。

通过差异创造新意义的建设性和设计性的规模是联合的力量，或者说是组合的思维。从历史的角度，已经有力地描述了这些准则，例如，庞加莱（poincaré）说过"点子来自于众人，我觉得他们产生碰撞，直到环环相扣，可以这么说，产生了一个稳定的组合。"爱因斯坦（Einstein)还这样写道："组合行动似乎是生产力思想的本质特征。"

通过组合的思维能产生新颖的想法本身并不是新的。目前开放创新的例子指出多种类别的企业或者个体能很快的产生这些组合，更具有预见性，通过工具和结构促使它变得更容易，以便支持有意义的差异产生的碰撞。网络在支持这些协作交流上是至关重要的，使这些组合的思维能穿越时空，让合适的人考虑合适的挑战和机遇。通常组织会呈上他们面临的挑战，或者他们愿意分享的互联网协议，以刺激其他的人在他们自己的管理下共同面对。一些在线平台是开放的资源，其中一些是大型跨国公司的分拆。其案例包括 www.crowdspirit.com，www.innocentive.com 和 www.fellowforce.com。

"热屋雇佣的是一个安全的网站，那里的成员接触这些他们参与其中的项目，不断更新并提供反馈和点子。通过定期的小组研讨和会议发表这个团体的力量进一步得到加强。"
克里斯蒂安·德·格鲁特博士

设计管理的可视化与价值

运作模式

热屋社区的公司及个人已经得到邀请，公司成员通过两方面的素质被认知，即设计为主导的依据和他们彼此之间的差异（即他们占据了不同的市场。）

当有了足够的见识，用一种或多种方法确定潜在的重叠性，他们合作的项目得到了极好地促进。通过现存的专业或个人的关系，从特殊的或简单的问答到更广泛的战略范畴的比较和商业模式的设计，就这些内容进行了长时间的交流，从而常常获得信息互换。然而，这一常规的组织过程，就人与企业之间相互的了解，对创新团体的目的来说可能进展得太慢了。在不同的、潜在的合作者之间为建立共同的基础而选取必要信息，在热屋我们已经开发了多层次模式。

可以通过对年轻设计天才（学生／毕业生）或许多团队成员组成的研讨组的采访来分享他们实时资料，以此收集信息。将两个或更多的企业设置的信息放进一个表格，为一个项目发展，从一个特别单位的潜力，然后确定使用相对简单的系统建模工具和概念化的景观运用。

以联合创造的凝聚力，热屋的操作模式已经过 18 个月的演进，最近转向了"经纪人"模式。凝聚力模式是鼓励团队的成员彼此不断接触，意在鼓励在许多贫乏和循环的点子中产生游戏的优秀的创意。我们已经发现这种运作要求大量的精力来支撑，其特征为超级繁琐的对话和想法。即是说，导致谈话或想法无路可去，因此在成员对团队的承诺上和兴奋点上有一个负面的影响。自从热屋已经转向经纪人模式，借此年轻的设计师扮演的不仅是项目开发者的角色，也在公司和有效协商的关系上起到一个联系和导管的作用。这就有效地减少了冗余的、不相关的信息进行交流，而保证了所有参与团体在一个积极和多产的层面上进行交流。

设立：过程

由迈尔斯和斯诺的竞争策略所推导的，基于创造力和谋划层面上的发展要求如下：
—— 一个相同的兴趣
—— 一个归属感
—— 一个明确的经济目的
—— 一个发起人
—— 一个共享的语言
——参与者的主要规则
——管理知识产权的机制
——发起人的物质的支持
——合作是关键的成功因素

他们也发现了建立合作和创意的团体是可能的，构想过滤是必要的，在以下四个类别中有各种清晰的元素：
——创意属性
——风险因素
——潜在要求
——资源（现存的……）

创意的评估或者更准确的构想筛选或构想过滤，有其自身管理咨询的根基，这是进入企业的助力以帮助大型经济化机构重新定义创新渠道。在点子被推广的背景下，这个工具以企业定位或前瞻性的方式呈现在设计师面前。这个前瞻性的转变对设计师而言是件很好的事情，因为他们在做决策方面名声并不好尤其是面对自己的工作时，"你必须要能够杀死你自己的宝宝。"正如他们在广告行业所说的——在设计中也同样适用。

设置：传达

远甚于品牌、名称或识别性，如何在管理你的工作中传达你的意图是最重要的事情了。

在任何实验性的项目开发中，一个广泛联系的团队需要找到振作起来的方法，合作创新过程的视觉地图或者演进图解以此承担不同的角色或功能。没有可视化的形式，你的传达材料看上去就像是一对年度纳税申报，那么极其需要有质量反馈的新型项目几乎就没什么变化。最显著的持续不断地说明过程就是设计师倾向于臭名昭著的"好莱坞式的音高"的形式。设计师在图中思考，如此描述工作的新方法无疑开始看起来很复杂。（看看我们最初的努力为例，用倾斜的透视系数来完成一图。）

随着时间的推移，许多反馈和可视化的过程作为一个有计划的来源就变得不那么重要了，更多的主要任务集中于商业上，即传达过程对其他人而言是非常重要的。遗憾的是当它倾向于描述成他们独有的贡献（创造力和创新）的源泉，设计师往往就会变得神秘、复杂或者二者兼而有之。这经常导致在说服大型企业的 CEO 的时候多层含义的图形没什么作用，他们应该与你和一些狂想家合作，寻找尚未定义的下一个大目标。创新是不可靠的，创造是很糟糕的，而合作是潜在误解的大熔炉。当你最终能够从核心模式的传达中脱离设计自我，这是值得庆幸的，此时项目就能获得可靠的把控。

设置：建构联系

任何创造的团体其前提是必须提供潜在成员的战略利益，以符合战略抱负和一个企业的意象，借助个人的兴趣和能量就能达到任何企业有效的联合与合作。

热屋概念　　　　　　　　　　　　　　　　　　　　　　　　　　　　　图1

热屋研讨小组

热屋开发试验室

热屋出口

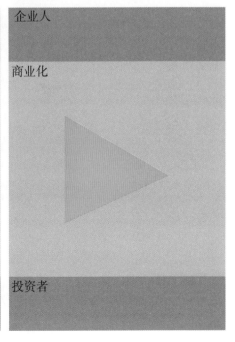

资料来源：克里斯蒂安·德·格鲁特博士。

项目

不是所有项目都令创造它们的企业感兴趣，或愿意为最初的原型开发投入力量。对一个合作项目进行早期开发或新的尝试有多方面的原因，典型的包括人事变动、经济环境中的显著变化或者公司的股价问题。其他的原因还包括企业根据自身的条件和专业领域，存在着很多不可预期的兴趣和可能性，而不仅仅是由变革促动的。如果大力强调合作伙伴的实际参与，通过产品和服务成型的早期阶段，公司的创造力和适应性的特点能经常显现出来。从而触发一种特别的努力，这并不适合他们的意识。极有可能原型开发的艰苦所作的巨大的准备（通过扩大交流）能促成一个伟大的野心的力量；然而最终你不能计划所有的一切。

规律而有效的交流对任何合作项目中保持伙伴关系方面是最关键的，反之亦然。无效和无规律的交流将扰乱专业化的预期，将在项目困难的阶段需要提高的时候削弱彼此的信任。期望的设置，项目管理，早期的项目参数的范围和相互建立成功的标准是成功合作的重要因素。

某些项目最终成为孤儿一般，再没有另外的合作者除了最初的设计师、调解者、经纪人，那样最激进也最有潜力成功。没有赞助者、潜在的制造工艺、经销商，这些潜在的可能性都等于零。这样的境况为进一步从项目中提取价值留下两个可选择性。一个是通过寻找新的项目合作人继续追踪项目，这依赖于其进展程度执行得如何，需要找到被替代的合作者（很难发现）完成商业化进程的下一个阶段，如经销、投资等。

另一个选择是针对已经被放弃的项目，依赖寻找一直对你的团队感兴趣的人，吸引新的伙伴或设计天才，成为公共宣传的传达或传播媒介。这个选择未必是不得已而为之的，因为团队的成长是很重要的，大部分项目将保留对未来的承诺，以防止他们过早向媒体曝光。

展示在这里的原型（图1）就是这样一个被放弃的项目，一度被建立用于信息交流的目的，但没有显著的知识产权得以有效地吸引进一步的投资。这是一个分解的花园装饰品使用户有一个叙事的体验。特别的，这是一个由可生物递解的塑料制成的花园地精，内部包含了一个种子迅速发芽的设计。随着外部原因的侵蚀，就会干缩成骨骼的形式，让雨水流进这个种子发芽的装置，而激活种子发芽，这个种子发芽装置由土壤、各种花、蔬菜种子及肥料组成，随着地精被降解而消失，植物就从原来的地方长出来了，演化了一个生命周期从生到死，然后又再生的循环过程。其设计的内涵是成为一种教育礼品，据此老人和年轻人能建立一种户外的教育关系，促进了解自然界如何运行的过程。

图1

由生物递解材料制成的地精会随着时间的流逝而被侵蚀，然后释放出它内部蕴含的种子。

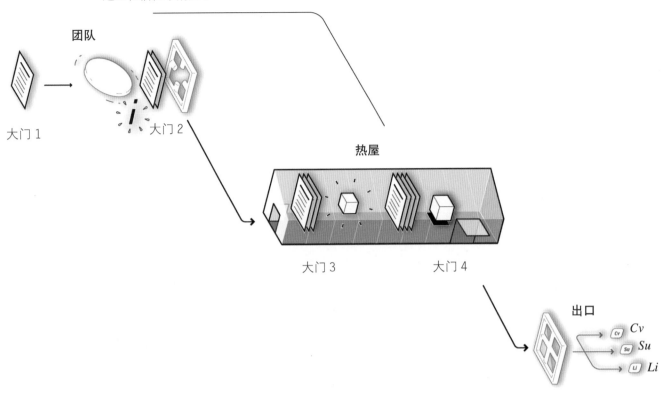

图2
支撑热屋概念的知识产权和产品过程的
地图。

"新的技术和大量的移民促使这个世界变小，但我们仍然坚持比以往任何时代我们自己的思想彼此都不同。"

詹姆斯·哈金（James Harkin）

访谈

彼得·昆兰

彼得·昆兰是城市空间的产品开发系负责人（见第158~165页的案例研究）。他负责所有产品硬件、过程和程序的开发与研究。作为他承担的角色其关键方面包括了采购、评估、并委任供应商，批准商业条款和质量控制流程，以及城市空间关键的合同中的项目管理。

城市空间的设计有多重要？不仅是产品设计，而且还有其他设计比较微妙的方面，如设计标志，色彩的运用，以及在你创建的终端项目中涉及的激情方面？

特别重要，我们是因为我们的质量和表现被认知。在公司我们密切注意设计施加在各个方面的影响，从产品到市场。

在7年前当你实施开发 iplus 信息终端系统的时候我开始注意到了城市空间。尤其在降低犯罪的贡献上。设计对抗犯罪（DAC）一直是你设计途径的重点吗？

并非有意识的。我认为我的手段总是倾向于设计对抗犯罪，但是主要是因为它改善了服务时间，用户体验、业务储蓄——而且当然它也是"绿色"的。

城市空间是如何捕捉到使用中的产品所有过去经验的？你说过使用的产品过去的经验对你提高目前的设计是非常重要的等等，什么样的方式令你抓住了过去全部的经验？

从传统上说，我们已经保持了所有的产品多年来综合性能相关的数据库。我们大部分产品具有触屏功能，全部可以与某些沟通形式连接。我们有这样的能力建立维护报告，收集来自产品的反馈信息，得到很好的组织、迅捷的信息。此外，我们开发了反馈及现场测试程序，以便于与外部的工作人员共有，确保产品的运行符合我们的期望。我们从造型方式和测试制度上获得了全部经验。如果不经常测试很难运作，它计算出你需要做的测试，这就是真正开始生效的知识和经验。

当着手开发新产品的时候，你认为设计概要有多重要？犯罪和降低犯罪的问题会清晰地呈现在概要中或贯穿整个概要的过程吗？

这个简报过程中的——评估、符合清晰的文件准确的要求——是产品开发过程独有的最重要的部分，它也经常是最艰难的部分。一个好的概要提供了一个工作的规格和可交付的测量工具。目的在于从要求中找到主体，确保人们理解我们的决策和最重要的是他们得到了什么。降低犯罪是一直在进行中的，而且是概要的一部分，但是清晰的要求正是产品所依赖的。

智能点装置的成功是基于"模块化"的首要方面，你能告诉我们一点很简单但又很成功之处，其概念是怎样的吗？

我更像是一个玩乐高（Lego）玩具的孩子！伴随我逐渐长大的过程，乐高是一套有规则的形状（正方形，三角形或者方块）有着同样匹配的方法。从这些方块中你能做出任何东西，智能点也同样是一套有着适配方式的方块。模块化带来了大量的优势——它很难精确找到最重要的，但是我不得不说它"具有容易的、成本效益的适配性"加上"降低制造成本"。当生产量低的时候，生产模具的成本要远远高于实际的产品，目的在于尽可能将产量最大化的状态下把成本分摊。通过模块化的方法，我们增加了单个元件的数量，便于存储备用，进一步达到在整体中分摊成本的需要——将许多相同的元件组合起来更容易，迅速和明确。我可以就此写一本书来论证模块化的优势，但很可能去宜家（IKEA）参观一圈就足以对此了然于心。

开发新产品的过程中在利用新材料和制造工艺上你有什么发现和想要强调的？

我们总是在寻找可利用的恰当的新材料和新方法，但也有很多还在试验中。我的方法是为一个问题找到最优解决方案，而且举一反三。例如，在过去的许多年，我们为铰链门曾尝试一些不同的方法。我们认为在多点上做到了最优化，所以在智能点上使用了相同的方法。我不想总围着"再发明"兜圈子。

你能提供一些好的例子，说明你是如何运用新材料或包含了一些新的制造工艺的？

我可以给你列举大量的例子，但是我将锁定在最近所做的改变上，因为这是特别常见的问题。我很欣赏我们的这个解决方案。我们从不喜欢用荧光管做背灯。它们并不消耗许多电但是需要改变（用在街上是很贵的）。12个月以后，在后灯上提供了一个可见的"条状物"。我的同事加文·卡西迪（Gavin Cassidy）花了许多时间来研究解决方案。我们选用LED条状灯用于边缘照明上。LED耗能很少，产生很少的热，并可持续使用10年。边缘照明和覆盖塑料的方法看起来很神奇、漂亮，甚至后灯不用条状物照明。最初的成本要比荧光管高，但重新找到了，我们不需访问网站改变这些管子。我的解决点子是：绿色、创新、模切、对产品的寿命而言是便宜的、更可靠、有较好的质量，不会对智能点的环境造成影响（我们总是在对抗高温）。

关于下一个智能点设在哪里？在案例研究的最后我们已经探讨了，它们是通过战略计划被带到新商业领域，只是城市空间执行长期发展计划的开始吗？

绝对的。根据特别需求我们已经生产并安装了不同智能点的承包项目，下一次在斯坦斯特德（Stansted）会有三个，为

斯坦斯特德我们会提供互动屏幕和打印机，我们的模块允许我们在中心区域做一个锁孔以创造一个额外的空间。我爱看这个完成的产品，而且很开心它很轻松就能达到。我们不需要再设计一个亭子，仅占用一个区域。再就是因为在设计阶段我们设计了这个模块使其余的元件能用在需要更换的地方——我们将成本控制在预算内，安装并交付使用，提前了2个月。为生产线我们已经做了另外的版本，最近开发了四面65寸的广播屏置于顶部。听起来不可能，但是艺术作品和再设计挑战都很简单。我们现在使用的基本智能点美学趋向——模块化、分割线、圆角、不锈钢环绕全线的重点（识别标志锁孔）。正确理解了这个产品的核心所有都易于掌控了。

感谢你分享了你与城市空间的价值与使用设计之间的思路，还有什么我们没有提及但你需要补充的？

我已经激情洋溢地对设计、细节谈了数小时，但想试着再总结下：我爱聪明灵巧甚于粗鲁，我爱正确的事。我建议所有接触设计的人去寻找选择，倾听建议，不要怕重复同样的问题，（你需要理解，而他们已经做到了），关注行业主体的选择，接着信任专家并给予他们决定的权利，创新，向外思考你的问题，而不是过度技术化来解决一个方案（人们往往爱运用大量的材料，习惯地注重形式）。关注生活的成本，如果你记得细节是一切，那么质量就会紧随其上。

本章总结

最近作为设计管理进化的提升，设计领导权的出现引发许多问题。这是设计管理披上了一件新的外衣还是它通往成熟的路上一个符合逻辑的发展的脚步？将设计的角色置于创新中，它如何能在供应链上获取专业技能，进一步提供有分量的研讨，设计是一种资源应该被呈现在董事会层面的战略计划过程中。在产品开发过程中关系是决定性的，不仅涉及在供应链上与其他公司的合作，而且还涉及在适于市场的新产品开发中与消费者和供应商的关系。这两个案例研究说明了设计支持如何通过商业化贯穿于整个最初创意发展的全部过程的，而且人们是如何运用它们传达的力量通过设计驱动想象力和灵感的。

问题回顾

根据我们之前的讨论，你现在应该能回答下面五个问题。

1　艾伦·托帕利安和雷蒙德·特纳认为设计领导权在设计管理中是截然不同的；你认为关键的不同和相似之处在哪里？

2　你能识别设计领导者的好的案例吗？如果这样的话，与设计经理人有什么不同？

3　在"创新"与"发明"之间有什么不同？

4　在发展新的和创新产品与服务中为什么说供应链伙伴是有价值的？

5　在战略程式化过程中你认为设计还有什么重要的特征？

推荐阅读

作者	题目	出版商	日期	评论
阿克（Aaker,D. A.）和约西姆斯泰勒（Joachim sthaler,E.）	品牌领导力	自由出版社	2002年	作者是两个在这个领域领先的专家，本书就细节探讨和品牌领导力分析从不令人失望，且令人印象深刻。
德·博诺(De Bono,E.)	侧面思维：创意的教科书	企鹅出版社	1990年新版	爱德华·德·博诺是侧面思维和创造的教父，这是真正经典之作，难以超越。
B·霍林斯(Hollins,B.)和G·霍林斯(Hollins,G.)	超越眼界：为明天的成功计划今天的产品	约翰·威利父子	1999年	就此主题而言是一本优秀的教科书，以案例研究来补充:具有吸引力和启迪性。
凯利(Kelley,T.)	创新的艺术，IDEO的方式 通过创新成功	Profile商业	2002年新版	汤姆·凯利提供了一个令人无法呼吸和精力充沛的讨论，有关 IDEO 的所有事情和高级的创意方法，它能为它的客户带来创新性产品。
特罗特（Trott,P.）	创新管理和新产品开发	金融时代/Prentice Hall	2008年第四版	一个可靠的 NPD 的说明，管理创新的方法，由业界先锋人物写就，是一本极有价值的书。

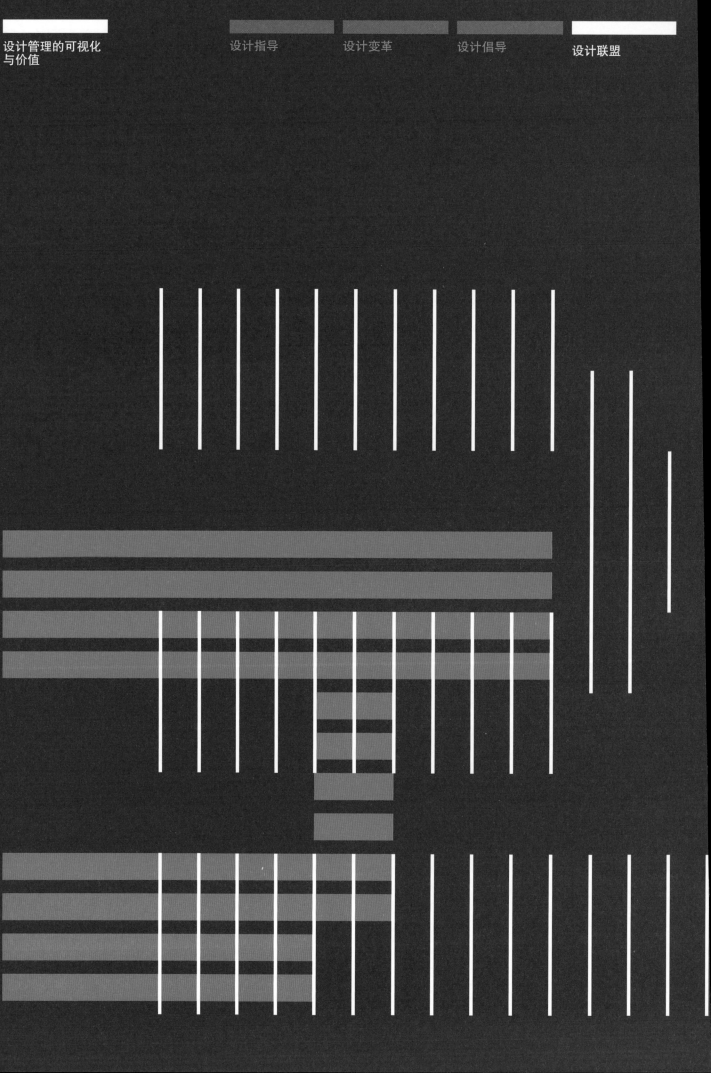

设计管理的可视化
与价值

设计指导　　　设计变革　　　设计倡导　　　设计联盟

第 4 章

设计联盟

设计联盟聚焦于影响企业的突发问题。它看到设计是如何促使企业内的角色和识别系统的改变，以应对市场的自满情绪以及来自消费者和终端用户不断变化的需求。随着有同情心的消费主义的攀升和社会转型，设计者每天面对着新的挑战，他们需要在思维和实践中有迅速的响应和对未来的预见性。

设计中的突发问题

这个部分我们将讨论创意的新格局、市场推动力，以及以我们所见、所感知、所运用、所理解设计的方式驱动改变的社会转型。在不断地变化和混合型的社会技术冲击下，企业正不得不适应并采用全新观念和在遍布全球的竞技场上的实验方法来应对竞争。随着新经济的发展和其他因素戏剧性的重构，一个引起改变的相当大的因素是频繁变化的政治格局。

图 1

欧洲战机是一款由虚拟设计团队参与设计的著名产品。

我们只要看一看东南亚和印度次大陆，那里包括了相当大比例的世界性制造和技术定向活动的外包服务。随着每天开放的新市场机会，统计学家和营销者根据不同个体的生活方式和个人喜好把市场划分成很小的部分。这又反过来迫使设计者去理解和提出设计方式，通过满足不同功能的品种去激发消费者和最终用户的购买欲。技术的更新极为迅速，新的产品可能今天出现而明天就会过时，通信业就是一个显著的例子。社会的变化也越来越难以预测，更别提将其量化，作为统计对象的人群比例单位划分得很小。消费对象对产品和服务的需求越来越基于的一种自身"体验"，社会学家和营销者以此来划分这部分人群和其内在价值标准。

下文中的 9 个挑战只是那些处于临界状态的主要部分，需要企业给予特别的重视。

有的侧重于技术和市场导向的变化，有的更关注全球化带来的地缘政治影响，而更多的属于多种因素的混合，因为很多情况下很难做出清晰的界定。

人口统计的变化

在人口景观中一个重大的变化是平均寿命的增加，尤其是在欧盟国家。这一变化导致了今天企业提供的产品和服务的变化。首先，我们会住得更久，很多有益的、独立的生活方式更加强调享乐和休闲的活动。作为特定人群稳定的年龄、产品和服务被要求克服肉体的和精神的限制，诸如住房——举例来说，在设计开发的过程中人口通道及流动性是考虑的重点。根据服务的角度，我们正见证企业提供的社会增值服务，休闲活动和为 50 岁以上的人精心包装旅游"体验"。在英国，Saga 集团是一个强大的备受尊崇的品牌，已于近期推出了一个社会网络的网站，受众目标是超过 50 岁的人群，对已确立的行业竞争对手如 Facebook，Myspace 等来说，它提供了一个强大的替代。

时间经济

时间是一个珍贵的有价之物。人们不再浪费时间逛商场，消费者希望零售商为他们做好选择。根据2006年**亨利中心**（**Henley Centre**）公布的消费者调查分析，英国人评估时间的价值甚于金钱。41%的应答者提及时间是他们最宝贵的资源，而只有18%的人相信金钱才是最重要的。消费者要求零售商为他们制定选择：他们希望得到产品和服务的额外价值；低脂肪食物；健康瘦身饮食；量身定制的移动电话计划，这些都反映并支持了日益增长的时间——密集型生活形态的状况。由于自由时间的缺乏，需要去计划、寻求便利和享受我们的电子生活方式。越来越多的消费者准备为了买到更多的时间愿意用收入来交换。更重要的是，这个假定暗示出在今天的经济社会里时间是被珍视的稀缺资源。近年来亨利中心也支持一种趋势："休闲开胃菜"（canapés:法语，一种餐前开胃菜，夹有鱼或鱼子的小面包。——译者注），缺少时间的人尽量为他们挤出更多的自由时间，只需要动动手指来选择不同的休闲活动。

Saga

Saga 集团是一个综合的组织为 50 岁以上的人群提供全套的产品和服务。进一步的详情可咨询网站：www.saga.co.uk。

亨利中心

亨利中心由学院联合英国牛津大学亨利管理学院创建于 1974 年，它的三个最初核心法则保留了一贯宗旨：理解消费者行为的重要性、分析数据的严密方法和放眼未来。

设计管理的可视化与价值

虚拟的机构

随着信息时代的到来，企业结构已经演进到了一个可观的虚拟世界，在下一个 10 年中，虚拟的机构将成为如同自然规律一样平常——其标准几乎跟商业活动一样。虚拟机构与他们在网络空间里的合作伙伴相互补充、共享专业知识，这是虚拟机构能够成功建立的前提。有四个关键特性加固他们的成功：首先，在网络中每一个合作伙伴的专业技能和核心竞争力相互补充；其次，对于商业实践来说灵敏地回应是绝对必要的；再次，信息网络环境中对于在地理位置上分离，但在工作关系上却绑定在一起的机构，相互信任是最重要的。没有信任，企业将不能很快地共享必要的资源并完全利用市场显现的机会。最后，在企业的运作中，完全开发交流技术以巩固和发挥决定全面成功的关系。如果理解了这四个因素并利用它，虚拟的机构就能发挥潜在的力量提供增值，高端的

创新产品及服务，并在市场中脱颖而出，克服实践和区域的障碍。

市场分区

依靠传统的方式有条理、均衡地划分市场逐渐变得过时。粗略的类别如年龄、性别、职业和教育等的划分如同聚乙烯唱片和地面电视一样过时了。目前的市场状况如微观的"集体认同"基于强烈的意愿、个人的成就感、和个人的价值体系，正如原子裂变一样变化万千。**彼得·约克（Peter York）**是一个早期的先锋者，将市场按照简练的生活形态特征来划分，如英国上流社会中衣着时髦的传统女子（Sloane Rangers）和雅皮士（Yuppies），但是现在人口统计学的景象已经非常进步了，要求分属定义市场分区。回到雅皮士和身处雅皮士的地方，"追求完美体验的年轻人"这类别的人群是注重物质主义者，以个人成就而言更具

野心与抱负。这只是无数类别中的一种，每一个合适的位置都要求受益于特别的产品与服务，以完善他们的期望和所追求的动机。

大量的用户化

以"一刀切"的模式已经正式退出历史舞台。大生产时代为市场提供了一剂止痛药，通用的产品（及更重要的，产品服务）已经被市场拒绝。差异化是工业和经济的咒语，技术员和设计师创造了独一无二和超级的产品以适应民主化和个性化的受众需求。大量的用户化意味着消费者会确切地得到他们真正需要的，并且他们愿意为之付款的东西。随着新的范例出现迫使现存的生产模式改变，企业不得不重新勾画运营的每个方面以致力于开发"产品为人"的概念，同时仍在预算可控制的范围内进行大批量生产。

> "创意正如帮助我们描绘和理解我们正变化的世界的标签，人们居于其中，创意的概念如革新帮助我们改变事物，创意帮助转化商业并盈利，总而言之，创意令我们和我们的企业更加振奋人心。"
> 詹姆斯·哈金（James Harkin）

彼得·约克

一个社会时事评论员和管理顾问，社会风格和趋势栏目的播音员。彼得·约克与洛德·史蒂文森（Lord Stevenson）一起创立了有影响的管理顾问公司 SRU。

不可再生资源

一旦使用后不可被再次利用的能源资源，因为能源的形成要经历几百万年（如煤和石油）。

可持续的生活形态

苏格拉底（Socrates）曾有过如下评论："我很惊讶地看到有这么多我并不需要的东西"。这句话在今天比以往任何时候都恰如其分。随着我们赖以生存的**不可再生资源**的使用，能源消耗在不断增长，消费者们日益担忧环境对他们生存的影响。无论是通过立法还是消费者的压力都迫使工业回顾目前的实践标准，并对产品和服务的生产提供强有力和切实可行的改变，将它们进行再循环利用。但除此以外，本地的和国家行动小组都掀起了回归可持续和对环境生态友好的消费方式，包括支持更广泛的受众，他们来自当地社区，并履行其职责。消费者的态度和期望导致更快速的行为反应，远甚于企业和其他机构所能适应的速度。

企业的社会责任

消费者和最终用户日渐关心商业活动对社会、经济和环境的影响。以至于企业在每日运作各个方面必须采用尽责的领导者以承担显而易见的义务。很多调查显示公共成员希望公司对待环境和社会的形象在公众眼里是正面的。一个良好的声誉是公司最有价值的隐性优势之一，维持这点是公司从事商业活动一个关键的动力。设计师体现公司"同情心"的一个战略工具，是公司为它全部的利益所有人体现社团责任的途径。

图 1

今天年轻的消费者更倾向于个人价值的体现远甚于对物质的获得。

图 2

诺基亚理解它的消费者的核心价值以及再循环的重要性。

犯罪和反恐怖主义

英国最近大部分关于犯罪的数据分析指出每年用于此的成本令人吃惊的达到600亿英镑（**英国犯罪调查**）。虽然记录显示犯罪已稍稍下降，但在英格兰和威尔士超过一半的公众认为犯罪是这个国家面临的第一大问题。英国设计理事会由政府支持制定政策提倡在工业、经济和设计领域对此问题深度地了解。针对此问题意图改变在产业过程中发展新的产品和服务并推向市场。紧随企业责任之后，发起降低犯罪计划对消费者来说是一个信号，通过开发防止犯罪回弹的产品，企业有责任降低犯罪率。在第 158~165 页的案例研究中提供了更多有关此问题的细节。

技术的集合

创新，新市场和技术经常在新的和现有的技术之间发生冲突。同样的，在明确的产业内的公司从其他运用技术的产业中能获得启发。本质上这意味着由于技术的结合，如果公司在他们自身活动的范围或产业之外能更好地识别新技术发展的机会，创新会受到鼓励。互联网也许是体现最广泛的技术集合的一个例子。所有娱乐技术——从收音机、电视和录像到书籍和游戏——都能在线观看和玩耍，经常比他们最初的技术更具有功能性。

总结

驱使变化的因素来自各种各样不同的资源，经常超过完全陌生的活动范围、超越设计所能达到的范围。然而与其看变化是一个负面的问题，不如经常改变以作为在市场引导基本的创新的推动力。设计师在变化中蓬勃发展，因为变化不断提供了丰富的灵感，并提出将其嵌入创造的过程。

图 1 和图 2
卡里安全包健全了反扒窃的形态，减少了盗贼从人身上取下的冒险。这款产品是联合伦敦圣马丁（St Martins）学院设计中心开发的。

英国犯罪调查（BCS）
这个综合性的调查是来自犯罪层面重要的信息资源，一个公众对犯罪的态度，以及在英格兰和威尔士对犯罪的审判问题。（苏格兰和北爱尔兰执行了他们自己的调查计划）。这个调查结果在促使政府制定政策上起到了重要的作用。

图 3
一辆新颖的自行车减少了失窃的冒险，
包含了"设计对抗犯罪"的概念。这是
联合伦敦圣马丁设计学院中心研发的。

"你不能以一个会计学的思维模式来解决围绕着可持
续性的许多问题，你需要以发散的思维模式解决，
而且你需要将你的创意解决方案具体化。"
卡罗琳·戴维博士和安德鲁·伍顿（Dr Caroline
Davey and Andrew Wootton）

访谈

卡罗琳·戴维博士和安德鲁·伍顿

卡罗琳·戴维博士和安德鲁·伍顿是索尔福德（Salford）大学设计对抗犯罪解决方案研发中心的副总监。他们已经承接了广泛的关于通过设计导向的介入减少犯罪活动的研究。在企业的社会责任机构他们也获得权威的知名度，他们跟大量的机构一起工作，进行社会化地责任重大的活动。

你们在 DAC 解决方案中心工作面临不熟悉的问题，能否就你们承担的一些责任和角色做个回顾？

我们都是索尔福德大学设计对抗犯罪解决方案研发中心的副总监，这个具有独创性的倡议研究，满足设计和开发的专业性需要，进行设计服务的一系列活动，依靠英国警察的力量中心支持采纳以设计为导向的有效防止犯罪的计划，促进了以人为本创新性的手段。从一开始，解决方案中心已经开始寻找以设计防范犯罪的本质。

企业的社会责任（CSR）仍然没有清楚的定义，你能就此给予一个定义吗？

CSR 仍然没有一个清楚的定义，但它是我们面临的主要问题之一。我们首先看看世界商业理事会就可持续发展所提供的定义（WBCSD），他们的定义如下："企业的社会责任是指持续的义务——以商业道德行为促进经济发展的同时不断提高当地企业和社会大多数劳动力及他们家庭的生活质量。"然而这仍是冗长而不能真正全部概括的，这个问题说起来最少也是很模糊地，企业以其存在的问题关注一定程度的影响力；很明显地，与 CSR 他们所能控制的继续存在于企业及其合作者之间。它已经勾勒出所有的范围，当进一步超越企业活动，它的影响力水平降低了。为更好地补充这个问题，为大家提供一个我们工作中的好例子，我们将房东在社会上进行登记即住房联盟。通过他们的行为产生了直接与非直接的影响，我们帮助他们提升他们对社会责任的义务。他们靠公共基金支持，对他们来说承担强有力的 CSR 义务是很重要的。我们发现企业的社会责任已经跟可持续性很强地联系在一起了。企业的责任（可持续发展）能划分出以下三个清楚的范围：企业的社会责任，企业对环境的责任，企业对经济的责任。

所以说有些事情置于 CSR 的庇护下，换言之有 3 个信条置于 CSR 的庇护下?

我们更关心用它做一些实际的工作，所以我们划分出两个方面。第一个方面，企业管理活动构架、管理风格和报道等等；第二个方面是 CSR 本身的报道和道德实践。外部的活动沿着如下要点：产品、服务和支持它们的体制；所以一方面是社会化责任的设计，另一方面是社会化责任的管理。一个是内部的，一个是外部的。

对于相信企业的社团社会责任方面，消费者仍然十分地愤世嫉俗，你如何看待这点?

当你看到一些公司宣称具有社会责任感，你往往发现他们只是为打开市场所做的设计，这看起来企业的社会责任更像是装点的门面，其表达的比实际所做的更多，大部分多国石油公司宣称他们完全具有企业的社会责任，我往往觉得很有意思。

你认为这个普通的几乎是 CSR 负面的概念妨碍了它的发展吗?

那是一定的，我认为它归结于社会怎样管理它。任何事情比起从单纯地商业获利的角度来说是很难界定的。主要的问题是公司还没有意识到 CSR 提供给他们的利益，大部分只把它们看作是一个消费。然而通过对 CSR 的实践他们能建立一个很强的消费者忠诚度。举例而言联合银行以此方式投资客户的金钱建立合乎道德的银行业务。对于企业不能通过 CSR 的实践帮助获得利益那就不能算将这个概念很好地传递出来。

你认为企业能克服这些广泛持有的观点吗?

我认为商业唯一的方法是通过领导者的启迪将克服这些广泛持有的观点。你需要一个商业领导人在广泛的社会中进入他们的角色而不仅仅是做一个生产利润的股东。

CSR 认为利益持有者和股东是对立的，你需要一个实际上能很好地传达 CSR 概念的领导者而不是仅仅在底线上应付，除了实际上对广大的社会贡献价值。此外，绿色环境问题、全球变暖和能源效应变成了一个消费选择的问题，如果你不采用 CSR 那么人们将会从道德的立场转变成你的对手。

什么是"三重底线"，企业完全承诺承担CSR 的义务必须包括这三个关键的信条吗?

这三个信条是人、地球、和利润。很显然这是联系着可持续性的三大支柱。我不认为当你有 CSR 就做到可持续性因而具有竞争力。经常可持续性跟环境主义会混淆，后者并不包括这三大支柱。需要考虑的是利润不仅仅指公司获得的经济利益，而是意味着更广泛的社会所获得的经济利益，它包含了社会的增值。

在哪里及如何使设计适应 CSR 的实践?

遗憾的是，设计大部分时候是应用于市场、传达和报道。我们把设计视作创造机会的力量，为更广泛的社会、地球甚至经济地提供利益。我们尝试在不同的方式上控制设计创造的力量。你不能用会计学的思路解决可持续性的所有问题，你需要用发散性的思维（这个思路是关于设计如何进行的），并且你需要将你的创意方案具体化。所有这些都需要创意思维，思考设计师所能提供的。设计师扮演着很重要的角色。

就 CSR 方面你与很多机构合作过，你能给我们提供一个好的例子吗?

我们所参与的好的案例是与警察机构，根据 CSR 特别是在新建筑发展和设计的复兴过程。我们与大曼彻斯特警察署（GMP）一起与策划人、建筑师和开发商一起合作帮助他们全程设计和开发创造更具责任性的项目。从许多角度看计划和设计过程是非常复杂的。过去往往是

送达警方新开发的计划书，在最后的计划批准前已经非常靠后了，期间所有的设计已经完成了。问题是警察需要面对潜在的犯罪问题（如偷车贼）时需要定位。在最后的阶段控制这个会引起各种问题，而且增加开发成本。那么我们帮助 GMP 所做的就是启动新程序为更多的基础问题提供咨询，帮助他们在概念阶段的时候处理问题更容易。设计咨询很明显是相似的，使开发商做了真正的变化减少了犯罪的几率。结束了这个顺利的过程，较好的犯罪防范来自于与设计师的紧密合作。在大曼彻斯特警局内实施的这个程序我们也将其运用在英国其他的地方。

CSR 未来的挑战是什么?

我认为有很多理由说明我们生活在一个见利忘义的社会。我们不能袖手旁观，作为犬儒主义的结果我们又什么都不能做。最主要的事物之一是媒体的变化，媒体就犯罪的问题、基础的社会责任问题比以往显得更耸人听闻。它使我们相信问题太严重以至于我们无能为力。假使因为犯罪人们过度地恐惧，如果你看到犯罪的情形非常不愿意成为犯罪的牺牲品，你会避免收看相关新闻，宁愿相信它很少。基本的问题就是人们不愿意接近真相，其中一些问题是难以置信地复杂没有单纯的解决方案。这问题就是人们想要用简单的解决方式，正常的想法就是去责备别人；我们又能指责谁呢?人们拒绝承担责任，一部分是因为他们没必要意识到事情的真相。

CSR 和设计

在每天的企业活动中企业社会责任的重要性不能被忽略。随着有"同情心"的消费主义的消费者和最终用户的出现，要求来自于企业的很大程度的责任心，更重要的，在对 CSR 的报道和运作上有很大的透明度。本节将提供 CSR 的概述和为什么包含这一点是最重要的，不仅在消费者眼里，而且在与扩展了供应链上的供应商建立紧密的工作伙伴关系问题上，CSR 的活动如何提供新的思维方式和行为。

"今天，企业的社会责任超越了旧式的慈善事业，在财政年度最后捐赠金钱是一种好的方式——以此替代全年的责任，公司接受他们面对的环境，接受最好的工作常规。"
设计理事会

CSR：一个简短的回顾

在今天全球化的市场，越来越认同企业部门必须面对全世界的责任。如同减少他们对环境的影响，越来越多的公司参与到如人权，公平贸易，地方经济发展，非差别性雇佣工作这样的领域。CSR 不断成为争论的主题和焦点，就企业关于它的角色和责任以及它与利益持有者的关系引发哲学性的问题，尽管争论在猛烈地持续下去，CSR 仍然会在它的意义和价值上有一段很长的路要走。坊间的证据提出企业关注徒有其表的商业年度报告和肤浅的公众关系，而将 CSR 的出现视作令人心烦意乱的威胁。有选择性的，有些人只把这个问题当做是正常的商业活动，而另一些人则把它视作企业的资源和提升竞争力的机会。

CSR 实际上与所有公司都高度关联，无论大型还是小型，如同在国际化了的全球市场上，也只是区域性和国家性地运作。换言之，它可能会令人想到 CSR 和做企业的任何思维方式是一样的。那样的思维方式需要成为主流贯穿整个公司商业与战略运作中；设计是这个整合的思维的一部分。然而，这不仅是作为公共关系部门的一项任务，也需要贯穿公司的每一个方面，在商业发展中，在市场、经济和设计中等等。CSR 要延伸它真实的潜力，在商业行为的每个方面完全实施这个战略，这点是至关重要的。

特别是公司包括 CSR 的挑战之路一定从本质上反映出他们个人身处的环境。这个挑战和机会在英国独立运营的小型软件公司和多国石油公司如英国石油公司和壳牌（BP /Shell）之间将会是非常不同的。在每日实践和 CSR 的沟通之间的差异已经成为许多讨论的焦点。在何种范围内应该被报道，应采用公众的概况暗示企业的责任吗？

然而这种差别并没有被明显地降低：对于一个面对企业的消费者，沟通是达到 CSR 业务的核心。如果消费者利用机会会需要很清楚的信息。社会的责任投资（SRI）虽然在市场占有小部分份额，但仍持续增长的产品，反映了这种需求的类型。

CSR 已经不断发展，超越它慈善和社团的基础而越来越多地关注企业的案例。很强的证据显示，给予企业实际和潜在的利益以提升他们的竞争力，这件事仍是很难被量化的；虽然如此，公司自身已经直接显示出在他们的生意上正面的影响。在全球企业范围内一个日渐增长的焦点，人们在探讨 CSR 所拥有的国际规模上的问题，如 CSR 就全球化的许多复杂和敏感的问题所应有的价值和限制。但是有责任的商业实践或可持续发展获得各方的普遍认同，为确保其作为一种手段造福于最贫穷的发展中国家是至关重要的。

图 1

人们逐渐接受企业部门必须面对它的社会责任。减少我们对环境的影响，例如，通过投资可持续能源成为 CSR 实践的先锋力量。

设计联盟

通过包容性设计过程的民主化能引领更具意义的设计结果，这证明了一个真实而有责任感的企业行为的承诺。

CSR 与竞争力

CSR 鼓励企业看到更远的利益相关者的利益，在提供更广泛的社会和环境的利益的时候，他们更能深刻地理解什么是企业的冒险与机会。进一步链接消费者可以唤起他们潜在的需求，根据产品质量而言更能促进企业的竞争。在一些案例中，CSR 也能引导较大的效益（为偿付最好的工作所需的最少的技术成本以节约成本），作为其结果这会导致公司因价格之故更具竞争力。但是并没有"一刀切"。在他们的规模、本质和活动范围中的差异将影响不同的公司如何致力于环境和社会的目标和他们面对的竞争挑战。一些个别的公司如 BT 和联合银行，在其竞争力上已经量化了 CSR 活动的影响。

在设计中CSR的挑战

包容性

全部包括 CSR 的实践、敞开对话、鼓励和透明度是一切的先决条件。通过相互理解和一致同意，所有利益持有人不同的和可估量的贡献能导致成功的、有意义的设计开发活动。做到这点不仅需要吸引消费者和最终用户，而且还要进一步超越供货商、制造商和零售商，鼓励他们以各种方式参与进来。通过促进与 CSR 的承诺企业能转变态度和技能，在贯穿企业活动的每个方面植入社会责任感。设计开发的过程是一个以沟通和共鸣作为关键信条的无排他性的活动。CSR 的实践和清晰的责任融入了广泛而全面的设计价值，较好地促进了决策实施和在手上的问题广泛的理解。

动机

通过新颖而目标坚定的思维模式的推动力，CSR 的态度和思想能振兴疲软的市场。CSR 一个关键的力量是给予目前的企业活动提供更全面的视角和输出，刺激回应以及他们远超于金融的影响。通过此在企业功能、新思想和穿透企业的能量之间分享理解，为目前新产品和服务引导获得新的市场机会。通过赋予利益持有人力量的承诺，在企业和赞助人之间建立了更进一步的联系和理解，导致理念和未来合作者的可能性产生变化。"责任的回归"不仅来自消费者的参与，更来自广泛的社会、创造务实性、按市场定位设计的解决方案，这远比最初的参与更能使广大的受众获利。

图 1

绿色和平组织带来的压力不断地督促着世界各地的政府和企业的道德活动。

"员工是任何企业的利益相关人之一，越来越多的证据表明员工通过循序渐进的就业证明了他们的企业社会责任，如同通过他们的行为证明了他们是好的企业公民一样。"

价值

在可论证的初期建立设计"价值"是将 CSR 思维嵌入设计工作中以产生最大影响的最好方式。开发概念的成本在设计过程的前期与后期完成发生的成本相比要低,尤其是需要全程实现概念的过程。设计理事会的调查表明 15% 的时间和精力致力于开发设计的概念阶段,被锁定在后续成本的 85%,因此正确地识别问题,生产后续方案,这些通过严格的生产和有重点的应用于最初项目活动的前端。在应用企业社会责任进行思考的时候,如果我们考虑到这一点,看到长期的影响和每一个设计决策的后果,例如关于采购和使用的材料,能源生产有效率的方法,和最终产品影响环境的性能,在最初阶段就建立价值观,那这就不失为一个真正负责任的承诺。

战略设计管理"思想"最好置于包括驱动机构致力于企业社会责任和设计防范犯罪的开发之上、在纳入考虑的最早阶段通过公开和建设性对话,获取和鼓励这种意识。

承诺

一个企业以一种有意义和智慧的方式信奉包容性、动机、价值和彼此沟通,这证明了他们践行 CSR 思想的真的承诺。之前曾讨论过有的公司仅仅在口头上承诺达到 CSR 的目标,而在行动上非常有限和表面化,更关注"表达"而不是"行动"。研究已经指出公众对公司传递更多 CSR 行动抱有期待。但缺乏宣传并不能表明漠视企业的社会责任。

对提出报告的关注和对潜在的批评会使得报告比实质的行为有较低的优越性。因此会做出许多选择。然而,为了提高责任与信任以获得更大的透明度,并作为自愿报告准则的进一步发展,这种方式一直在持续。

"在授权、鼓励和认知行为上英国政府已经起到了一个关键的作用——从参与企业振兴社区行动,通过奖励促进自愿者基准和风筝标志(用于英国标准协会规格的商品,形似风筝而得名)的嘉奖。总之,DTI 已经将竞争力与企业的社会责任联系在一起了。"

案例研究
设计思维：设计对抗犯罪

这个案例研究聚焦在城市空间信息终端的"智能点"的设计上。在城市空间中和设计顾问 GTD 与托贝莫里（Tobermory）之间探讨了设计如何提供一个简洁的联络点。基于丰富的经验，通过讨论与实验，这个设计纲要从最初的一个"纲要"发展而来——从一个最初的目标陈述，到完整的细节设计，大量不同的、潜在的设计思考包含其中，在公共环境中呈现出对抗犯罪的产品形态。随着进一步的内部设计和机械工程方面的咨询，指导者们发布了一个详细的 PID（项目启动文件）和附录。

VOIP
语音互联网协议是在网络上（如互联网宽带）提供一种语音交流的技术。

图 1
"智能点"在单个结构上结合了多种功能，帮助减少街头的混乱和提供他们最需要的基本服务。

公司

城市空间和阿德谢尔（Adshel）都属于清晰频道集团（美国 Clear Channel Group）的一部分，城市空间最大的利益来自阿德谢尔的设计经验，街头设施的部署与维护，从公共汽车遮蔽板到广告看板。

几十年来城市空间和阿德谢尔已就安装街头设施方面其品牌在市场上拥有了世界级声望。城市空间提供了电子化服务，为旅行，城镇提供免费的、最新的、被动或互动的信息服务，具有可视的吸引人的形式。

结合已编辑好的信息，以视频、音乐、VOIP 和地图的形式，触屏技术和引人入胜的图像被用于交通设施上。从 1997 年开始应用，在编辑英国和海外，城市空间的服务已经证明了它的成功。每一个城市有不同的需求和存在的问题，城市空间网络以其在都市的威望为地方上提供紧密的咨询。

运用减少犯罪的概念在新产品开发的所有方面，这是最基本的。城市空间广泛地吸取阿德谢尔和其客户值得考虑的经验，发展了对抗犯罪的重点战略。彼得·昆兰，城市空间设计开发部的领导，向我们介绍了最初的设计战略概况，在发展城市空间产品的时候其关键的考虑因素。

"我们关键的驱动力是：让我们的亭子可使用最长的时间；控制成本；控制犯罪的影响；确保我们的设计让我们回归我们的产品，以非常低的成本一直不中断地出现在公众面前，在他们 30 年的服务期限内的任何时候都以如同刚开箱的状态出现。我们如此的做法令犯罪遇到了专业的挑战。"

智能点的系列

智能点的系列是完全可消费的终端模式，为公众在启程和换乘的点上提供互动的旅行终端和实时信息。这个系列体现出醒目的、现代的图像和对任何所需交付服务物有所值的手段。终端的先进设备，先进的设计提供了充分的灵活性，允许组织选择的服务和技术要求，以满足其企业目标。该产品可以部署在自己的终端，或作为广泛的网络的一部分终端的屏幕上，其终端可从城市空间交通系统得到。

最初的设计概要：新的城市空间智能点的范围

这个概要的本质是再设计现有的 iplus 信息终端，利用引导街头设施设计咨询的专业知识和彼得·昆兰的经验，紧密管理所有城市空间产品的设计、购买、生产和安装。

面临的挑战是用 10 年的经验在一个设计中捕捉到在提供无人值守的街头互动和广播信息的服务。最基本的是减少了维护成本和犯罪的影响。而且同样重要的是，需要提供贯穿整个生活的单位和符合成本效益的适应性。

在设计概要中的关键性思考

在设计概要中的关键性思考是从早期的项目拓展经验，正如在回馈中引起的许多问题，和正在使用的现有产品的知识。包括征求利益持有者不同的观点，在其后的设计概要中就会提及。

模块化

所设计的元件部分他们能在有效成本内很快安置。通过在模块中设计其中的组件，使得修理的时候相对节约。因此，面板和屏幕很容易安置，产品也容易经受住每日的磨损，在经过 5 年，10 年甚至 15 年的持续使用以后看起来仍很质朴。

关键

文件名称	过程阶段		项目范围 决定是否停止或 继续
文件的描述	过程的描述		

城市空间产品发展过程

城市空间发展了综合性的工作框架，从创意到概念体现了所有产品开发的关键过程。这是建立在有效项目管理上在基础程序理论上建立的 PRINCE2（在环境可控性上的项目）。

企业		项目前期		
创意	任务	探索概念		市场
	包含了项目主题，允许开始：项目背景；目标；限制；范围；界面；企业案例概述；角色和责任；项目宽容度；潜在消费者和用户。	研究项目关键部分的可行性方法。		市场文件包括潜在创意的渲染，这个阶段也包括了范围的概况、计划和预算。

帮助点和 CCTV

万一用户感觉到威胁，通过产品上一个链接着 CCTV 的帮助点确保了最大程度的安全。可利用 VOIP 无论有没有网络摄像头，公众可以全天候接通旅游中心或紧急服务的电话。

定位

这个问题主要是通过彼得·昆兰默认的知识来交流的。信息装置被定位在 CCTV 摄像头的监视之下，以便这个装置被破坏或者有人遭受攻击，可增加捕获疑犯的可能性。用户的安全总是被关注的，还有一个位置选择上重要的考虑；例如，非常小心不要阻住道路交通的视线。

照明

信息装置以低角度照明来设计，可在黑暗中提供安全性，这点尤其需要项目管理者的洞察力，从女性的角度，确保照明的问题在修改装置内部被解决。

图 1

彼得·昆兰在"智能点"的设计，开发和实施过程中富于经验。

> "过去许多年，我们已经发展了优秀、高端专业的团队，我们被选中在街头设施项目中提交新的标准。"
> 彼得·昆兰

项目

反馈	商业案例	授权	ITP/ 简报	计划	PID/ 计划
营销抵押品提出内部和外部反馈和发展思路。	文件提供了一个项目回顾，它被需要的原因，考虑途径，关键的风险，成本，时间节点，全面评估。	管理的决定基于商业案例的程序，重复之前的步骤或停止项目。	包括了商业案例的总结、目标、交货、时间节点、角色和资源、注销法律和金融管理。	介绍 ITP 发展和范围、计划、预算设定的细节。	详细的文件包括团队结构和角色分配，项目目标和可交付的、预算、可接受的标准、企业案例总结和详细的项目计划，这也许不同于最初的 ITP。

设计管理的可视化与价值

总结

智能点的系列设计体现出设计开发小组相当多的经验，以及早期信息终端的版本汇总的知识。最重要的还有这一系列满足了战略目标和设计概要的渴望得到的东西。

首先，它的设计控制了有效成本并经济耐用，让客户感觉物有所值。感谢它的模块配置，所有的部件，面板和屏幕都能轻松有效地安置，因此确保了产品的寿命和耐用性。一个工程服务人员能轻易迅速地安置被损坏的部件，而不必手忙脚乱或者被路人打扰。其设计的坚固性确保了金钱的价值；它的价值通过轻松地维护和在长期内有效成本的服务都能看得到。

其次，正如彼得·昆兰提出的，以工程质量的价值对效能来说，它都是一款难以置信的设计，具很高性价比。这项设施由精密的参数引导运作，不得不说是

相当大的创新。智能点的每个方面都根据精确地预算来设计；体贴的生产和全面的质量是它最高的成功。

最后，"未来的证明"是考虑的关键，因为智能点是基于这样的前提，即以快捷、安全、易操作的技术提供给最终用户的。它很难预测在一年期间技术的发展，更不用说五年，但是设计团队已经预计了在其总体形势的基本建筑内技术的变化。随着新产品和服务的到来，快速运转的程序，提高内存，微型化，灵活化是最终设计的重点，这也是发展所要求的。

总之，智能点是城市空间为街头设施的战略目标的体现。它提供了坚实，有成本效益的手段，提供给终端用户在触屏上易于操作的综合信息。以经济的理由，提供高水平服务的愿望和高度公众意识的体现，犯罪的狙獗是设计主要考虑的因素。处理这个问题不仅是在表面，而是由最基础的层面深入贯彻其中，从最初的概念到生产，实施，运作和服务。

那么设计管理在这复杂的过程中何处体现其作用呢？这个设计团队和设计领导人彼得·昆兰，将以前所有的经验与知识运用、管理在智能点整个开发和实施的过程。紧凑的预算，企业目标和客户的需求已经被考虑容纳在内，以确保设计方案的实施，平衡经济价值和需求的冲突，把握设计的灵活性以提升今天和未来的用户体验。

彼得·昆兰这样总结："我们很为智能点的设计感到骄傲，减少我们至少一半的成本，为街头设施的建设提供了新的基准。智能点系列的设计，获得了客户、地方当局和我们的维护团队由衷地喜爱。更进一步，通过利用与当地经典建筑相匹配的设计，从美学上与环境相配，智能点看起来很漂亮。"

开发	原型草图	原型	打包产品	终止	PIR
细节研究和设计开发要求交付符合项目需要的设计。	包括原型所要求的一切，如：（1）顶级水平的草图和组件；（2）电子草图模型；（3）组成部分细节草图；（4）DXFs;（5）BOM；（6）数据。	建立原型测试和修改设计	包括最新的打包草图，后期修改方案，市场综述和其他支持文件。	完成项目后提交的反馈。	项目成本分析，结构和可交付性。旨在启发未来还有待更加完善的地方。

"作为一个有趣的变化，智能点操作之一是'通孔模组'，一个大的，与视线一致的开敞性设计，使用户能一眼看穿这个亭子。我爱这个主意，它这么不同寻常，引起人们的兴趣而且并不昂贵；经济并环保。"

图 1

甚至在夜间，智能点提供的照明对用户来说也是安全的，清晰的光线提供很强的可视性。

图 2

减少因被破坏而在街头工作的几率，智能点的益处在于良好适用性，可置换的面板所用的是防涂写的涂层。

图 3

智能点运用可选择的"通孔"构造，它在用户和智能点及环境的即时性之间建立了一个快速的联系，高度可视性使用户感到安全。

后记

智能点的系列设计是在行动上体现设计对抗犯罪的
一个著名案例。在打击犯罪和反社会行为方面英国
设计理事会已经推动了设计在其中的重要性。大体
而言，已经使得政府支持并倡议广泛地招募不同代
理商和专业机构，利用这独一无二的技术和理念致
力于减少犯罪的活动。透过设计理事会和家庭办公
室的投资，设计作为有价值的资源和在政策中起到
的关键作用已经被人们广泛认知。这个案例研究展
示了通过设计减少犯罪的独到的方面：保护了产品
被滥用和肆意破坏，同时也保护了用户。随着更多
地以设计对抗犯罪的例子出现也引起了公众的注
意，设计的角色与价值已经得到了相当地提升，在
今天的社会中设计成为减少犯罪的一个关键考虑因
素之一。

1　建议设计师致力于意义重大的减少
　　犯罪的贡献是公平的吗？

2　在设计过程中的哪些方面使你意识
　　到会引发犯罪的问题？

3　根据增加的注意和努力来说设计对
　　抗犯罪的思路应该是昂贵的吗？

4　为什么企业应该承担设计对抗犯罪，
　　他们能从中获得什么好处？

5　你怎样判断设计对抗犯罪的成功？
　　从整体看它如何被评估？

推荐阅读

作者	题目	出版商	日期	评论
库珀（Cooper,R.）、戴维(Davey,C.L.)和普雷斯（Press,M.）	设计对抗犯罪：链接产品创新与社会政策的理论与问题	国际新产品开发与创新管理国际期刊	2002 年12月/1月	精彩而详实地说明了通过设计对抗犯罪以及广泛的社会影响的内部关系。
戴维(Davey,C.L.)	引导案例研究：设计对抗犯罪	索尔福德大学设计政策合作伙伴	2001年	一步一步介绍设计对抗犯罪的案例研究与审计。
设计理事会	想贼所想	设计理事会	2003年	一本易读、想用户所想的书，介绍了设计对抗犯罪的一切相关的内容，以及利用途径和技术。
设计理事会	通过设计粉碎犯罪	设计理事会	2001年	一系列优秀的案例研究说明了企业怎样成功地采用和实施设计来对抗犯罪的。
设计政策联盟	脱去伪装设计与零售业犯罪	设计理事会	2001年	零售业的犯罪导致成本增加，如何应对犯罪的各种方法。

创新服务

这一节介绍了服务创新的紧急问题，以及如何围绕着产品"捆绑"服务是保持可持续竞争优势的关键资源。它开始以创新服务的构成、联系服务创新战略的障碍和利益概况做一个基本回顾。如果成功地采用，创新服务会为企业提供许多独到的利益，不仅从产生收益的角度，而且为合作者之间的关系提供一种互利互惠。

we find millions

我们发现了百万施乐（Xerox）全球专业服务能改变你公司的文件程序，在驱动生产力的同时创造收益，结果如何？提升上限与底线，一种看待事物的新方式。

图 1

施乐将客户置于商业战略的核心。

"只有 32% 的英国公司在前 3 年推介了新产品和服务，67% 的公司做了设计整合。"
设计理事会

服务：一个简短的讨论

创新是生产力成长中 5 个关键因素之一，此外还有技能，投资，企业和竞争。渐渐地，企业不把自身视作"服务"或"制造"属性，而将自己归为客户同类、将产品与服务结合起来提供"全面"解决方案。服务在本质上来说是"打包"或包括制造与环境的产物。更多的人认为创新是驱使经济和单个的企业成功的方式，如果说公司创新是为了在市场环境中参与连续的竞争和与众不同，但奇怪的是足够的服务几乎没有得到关注。创意正如我们所知，是对新概念的成功探索。在经济上我们能为所有公司提出这个定义，可以说它与创新服务是同等的。

产品的创新也许能很容易认知到和得到理解，鲜有服务中创新的案例。我们见证了生产商将服务绑定在他们的产品中的情形，这种趋势正在上升。诚然，这并不算新主意，但应运而生的是生产商伴随着他们的产品提供的服务范围正逐渐变得综合化。一个简单的来自施乐公司的例子说明了这个发展已经很迅速了。30 年前，为保持其使用效益施乐开始为它的客户提供长期和短期的租赁服务，公司提供这样的服务远超过复印机的生产。这里我们能看到一个转变，从出售复印机到出售联合在一起的服务，这导致了客户很大的满意度。这也引导施乐公司在创新性战略上一个伟大的转变。值得一提的是创新在今天很少由象施乐这样单独的生产商来独立承担，更多的是通过作为战略伙伴的生产商网络和服务公司共同分担。

反过来，我们也见证了服务公司融入合作伙伴的生产公司提供服务，例如 ICT 研究与专业的发展。为战略成长，设立服务供给是一个重要的领域。让我们更加关注服务的角色以及设计在这个领域是如何支撑和促进创新活动的。

图 2
西门子提供的产业解决方案覆盖了每个方面，从计划到建设运作和维护机械设备完整的生命周期。
西门子新闻图片。

超越产品?

从提供产品到提供围绕产品服务的过渡将我们带入"封装服务"的领域,这个领域能提供全部的服务以补充其核心产品,以下五个方面能与产品联系起来(既可以全部也可以独立的):

1 持续的监测

西门子可提供对IT系统的持续监测,以确保系统能按照完全的说明那样运行。这个服务的类型经常与ICT联系在一起,系统出错、客户公司财政上灾难性的后果和风险能被操控。持续监测带来了"安心感"以及加强了保护。

2 购买财务和租赁

通常地与汽车业联系在一起。雷克萨斯(LEXUS)、宝马(BMW)和其他领先的汽车制造商伴随着他们的汽车销售提供了打包的低成本零售财政计划和保险费租赁协议。在引导汽车制造商及不断提供额外利益和维护客户忠诚度和容留度之间,这种零售服务是差异化的关键资源。

3 运营和支持活动

这能与专业机械设备联系在一起,其专业性要求需要不断确保安全和持续地运转,由于其复杂的综合性能,迅捷的专业建议和支持是消费者客户关系的重点。

4 花样翻新与现代化

一个典型的工业案例是来自航空领域,这个领域中需要不断发展新技术和系统并运用其中。安全的参数,机械部件不断更新对于飞机的操控来说是至关重要的。

5 维护和修理

这个服务在贯穿于各种不同的工业领域中是司空见惯的,它的范围可以从12个月的年度服务附加到连轴转的或24000英里的汽车服务——通过第一时间免费干洗的西服或套装。

在产品和附属服务之间是一个模糊的范畴,让我们进入"设计体验"的范围,它经常与品牌联系在一起而成为一个竞争优势。或者,让我们带着这个问题走得更远些,另一个简单的例子来自一个以一带二的领先餐厅。这餐饭就是产品,一个简单的三餐菜单,但是其附加值体现在一流的餐饮服务和门房服务上,完整地说,这一餐的"体验"封装了产品(食物)与服务(增值交付)反映出对餐饮公司固有的品牌价值(意象)的愿望。进一步来看,如果公司创立了一个灵活的餐厅在线预订系统(合作人一),和日渐稀少的出租车送客服务(合作人二)。这就是值得考虑的联合合伙人工作的关键创新战略。

图1

亚马逊(Amazon)是公司中的一个很好的提供"超值"的例子。

服务创新的风险与回报

有了关于企业服务创造新的概况,值得问一问:"如果是这样容易为什么没有更多的公司采用这个战略?"首先在企业运营中企业可以运用很多的新技术;将其稳定地吸收并整合进公司是一个问题。由**罗布森和奥尔特曼**(Robson and Ortmans)的研究发现结合创新成本和风险的因素和规律,往往能最广泛地识别创新中极其重要的障碍。他们也暗示缺乏技术的信息是创新中最无关紧要的障碍。以下有10个主要的障碍凸显于创新中:

1　消费者不会或不能支付
2　规则产生障碍
3　成本和风险太高
4　缺少关键性员工
5　太忙而不能创新
6　消费者没反应
7　创新是不必要的
8　创新很容易复制
9　企业没有能力创新
10　缺少合适的技术

进一步仔细地聚焦于这10点,能细分出3个清楚的群体,第一个群体关注于消费者的角度。这即是说,消费者既不想也不能为创新付钱。这暗示着他们并不愿意为他们不想要的付出额外的代价。"为什么我要为不能真正带给我利益的东西付费?"这是一个很公平的看法。为什么一个公司要投资数万英镑为那些在消费者看来并不物超所值的东西上?第二个主要问题关注公司的内部力量,基本上来说这是一个资源问题,不仅是指经济资源,也指人力资源。在具有必要性技术和专业的位置上没有相应关键的员工实施这些技术,或者公司需要进行一项创新作为一项艰巨的任务没有相应的人员承担。最后第三条,这些能被普遍归类于具有极大的困难而不能实施的那一类。这些可能涉及你的创意被对手复制,或由于规则带来的障碍使实施成本或风险过高而不能被当局接受。

当然创新总是有缺点的(记得创新意味着风险和不确定性)。但是,在着手战略任务之前进行研究,这些缺陷能被最大化地克服,为一个成功的服务创新提供方法获得回报。

"制造商在新产品和服务的开发过程中最大化地利用设计。"
设计理事会

罗布森和奥尔特曼(Robson and Ortmans)
斯特凡妮·罗布森(Stephanie Robson)和劳伦特·奥特曼斯(Laurent Ortmans)在贸易产业部上公布了他们的研究:"来自于英国创新调查的第一手发现"(2005)。

服务创新：管理复杂性

尽管采纳一个灵活、稳健的服务创新战略并不容易，但如果智慧地、敏感地运用它，其回报是值得考虑的。然而，在一个战略的层面上，需要为内部资源的分配和公司核心客户的适用性管理和组织这个过程。竞争优势无疑来自于服务创新。但是我们必须记住，由于来自竞争公司的模仿，或换个词，拷贝，这些最初的优势就会慢慢丧失。因此最重要的就是持续、坚定地创新以确保获得不断的优势，促使竞争对手为保住自己的生意玩起"追赶"游戏。这点不言自明，设计创新就意味着如果企业不改变他们的产品和服务相关供应，那么企业将不能在市场幸存并成长。

对服务创新的管理挑战具有重要意义。围绕这个挑战有 3 个思路值得探讨，即：服务化、用户化、外包服务。

1 服务化

正如之前讨论的，围绕着产品的"外包"服务的趋势正日益增长（这点在制造工业中更为显著），例如净化水系统，公司很难单独完美地完成这个产品，更有可能通过支持服务增加竞争力，例如对产品的维修、服务等等以此类推。这存在两个固有的战略利益，首先，它增加了生产税收的范围，同时也建立了一个与消费者的长期的关系。其次，这个关系能帮助引发重要的反馈，这个反馈能进一步在未来的创新活动中被采纳。

2 用户化

用户化已经成为在生产中的第二个主要的发展趋势，市场总是不断地为个性化的消费生产商品——进一步，"配置自定义服务"如（个性化购物，个性化旅游代理，或个人健身教练）。直到最近，普遍才可接受个性化服务的价格标签，以及大量的市场仅仅接受与之相关的产品的服务。

3 外包服务

最后，创新最主要的驱动力朝着企业活动的外包服务的趋势发展着，这个战略已经发展了一段时间，以"外包服务"的后台活动减少成本的支出。其活动经常包括IT服务，工资管理和呼叫中心服务。这项发展在全球范围内日益成长，也日渐重要，通常由低劳动力成本的优势作为驱动力，尤其在人们延伸的服务范围如呼叫中心。企业活动外包的一个最主要的好处是代表客户管理这些复杂的活动，外包服务商必须致力于发展创新技巧才能体现创新服务资源的力度。

"现代公共领域需要建立一个新颖的方式，为客户提供一个新的途径让客户看到他们如何体现出创意的服务。"
查尔斯·利德比特（Charles Leadbeater）

总结

这一节我们探讨了服务的本质，创新服务是一个具竞争优势和差异性的关键资源，我们所看到的是精明的生产商围绕他们的产品供应的"打包"服务，这不仅增加了税收，而且在他们不断追求创新活动的过程中为了获得必要的信息，在合作伙伴和客户之间建立了长久的互利互惠关系。产品是企业活动的首要的一个方面，但是随着体贴的思路和战略决定，产品能为企业的发展与成长提供促动力，引导与不同的合作伙伴友好而紧密的合作关系。然而，没有风险创新活动就没有考虑到需求的诸多思路。周到体贴的前期计划能克服大部分的陷阱，然而，调研对避免失败和全面成功是必要的。一旦确定了需求和意象就有许多途径服务于创新。随着对客户需求的清晰地理解，这个策略为长期可持续发展能生产出重要的利益。

图 1

英国电信（BT）设立了两个印度呼叫中心，在班加罗尔（Bangalore）和德里 (Delhi) 雇佣了超过 2200 名员工。

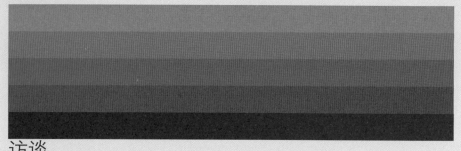

访谈

克里斯蒂安·德·格鲁特博士（Dr Cristiaan de Groot）

克里斯蒂安·德·格鲁特博士在新西兰奥克兰的兹尤尼泰克（Auckland's Unitec）开设了以商业为重点的协同设计暖房。德·格鲁特博士于2004年迁到新西兰，但是没有一家当地公司对他的主意感兴趣，因此他在尤尼泰克工作了。作为一名资深设计讲师，他一直以来都在塑造年轻化的思维。高等教育委员会资助他于2006年设立了暖房，但旨在以它的产品和服务创收。从第3章(见第134~139页)起,德·格鲁特博士进一步详解了暖房项目背后的思路。

这个暖房是如何工作的？

我们借助以设计为导向，有着创新意识的公司，并问他们是否想要参与这个项目。学生们挖掘一些公司信息——他们的规模和实力、他们的价值、他们的目标、未来将要影响他们的趋势等等。公司代表来这里用3天时间与学生们一起酝酿创意，而我们已经毙掉了至少好几百个创意。我们将它们过滤掉，好创意既需要市场潜力，也需要在塑造未来市场方面具有很大的兴趣，所以它们仍然要有点概念化，或更具探索性，但我们要寻找一个大市场，一亿美元的机会将会吸引投资者。接着学生们发展了这些创意，这个创意是学生和公司的知识财产的一部分，如果拥有其中一个，就能参与开始的计划。在这个阶段我们只有原型，但普瑞博（Prebble）主任（新西兰尤尼泰克中心创新及企业人联盟总监）在投资者和对投资感兴趣的企业人之间是一个联络人。

为什么企业需要暖房？

这里有一个哲学的解释：意义产生于差异，如果每件事都一样那就没有意义了。你认为可行，能带着移动电话公司与企业、银行一起，你会得到更大的变化和差异。我已经了解了新西兰的经济和它的前景，我看到了在一些我思考过的概念中会有一些适合的机会，人们正在呼吁SMEs的成长与创新，但典型的是这些公司并没有资源，概念或者时间。我认为也许最好的方式是给一批公司提供第三方以推广和发展最棒的创新。

与其他合作设计的冒险中有什么不同之处？

从全球性来说我们是独一无二的，世界范围来说我们至少有一打半的例子。大部分地方是线性过来的——你会明白的，我们将帮你详解。热屋更多的基于网络和创新实验。不仅在项目相关的内部思考，更要在项目以外进行思考，你的市场，你目前的能力。我的一个经典案例是，如果你将 Navman（一家新西兰导航系统制造商。——译者注）与 Kathmandu 置于一起会怎样？一个 Navmandu。但是 GPS 使得帆布背包和帐篷失去作用了。如果你结合 Navman 无线设备、定位与 Kathmandu 户外服装面料和织物的长处，将会推销给人们一种活跃的生活方式。这就是在热屋学生们所要做的事。

企业从哪里得到参与热屋的计划？

他们将会被介绍给公司他们从未想到过与之联合的最大的梦想，为新方向发现机会而不是仅仅延展他们目前的内容。而且潜移默化地他们将成为新启动的冒险计划的一部分，而他们自身将承担较小的风险。他们不是非得付钱不可，正相反他们甚至可以拥有 IP 的股份，如果他们是项目开发的参与者。

学生们有什么利益？

当学生们感觉到这个创意的潜力并看到他们真正感兴趣的，他们就愿意为企业启动它。非常多的学生已经成为尤尼泰克要求的项目的咨询者，其中一些已经与投资者脱离其他项目了，并自行在外组建公司。他们概念转变了。热屋刺激的是基于人性的艺术化设计，学生们活跃地从中寻找商机。

有任何商业潜力的创意吗？

我们有一款运用运动技术设计的电脑包，它不仅很好地保护你的电脑，而且又不像一般的公文包那么硬。它采用内嵌式技术放大你的无线信号。我们也设计一套生态洗浴玩具。通常一个孩子会拿着鲨鱼让它吃任何东西，但是这些设计中鲨鱼会吃海豹，海豹会吃鱼，鱼则躲在水草后面。这个主意就是一个说明项目来自于它们本身的例子。我们联系了地方的玩具供应商，他们告诉我们洗浴市场正在缩水，因为整个大市场正建造不带浴缸的公寓。所以我们结束了再发展这个创意，使他们不依赖于浴缸而存在，拓展了市场潜力。有一种生物所能分解的地精的设计，我们看到地精如同一个巨型校车，围绕着整个生态系统、四季那样的内容进行生态教育。这些地精将种子纳入其中利用生物递降分解，促使它们发芽，然后地精本身就会萎缩并消失，在它们之上就会长出新的生命。

在发展这些创意的过程中有什么样的挑战？

提供材料的资源真的很难。普遍来说在新西兰你只能容易地找到已经被人们需要的材料，否则要等上 12 周。比如像那些专业织物，塑料和橡胶。这是很困扰的事。这里的模型公司说，"我们不能那样做，如果你们问中国那边的人，他们会说，是的，我们明天就有。"

让企业参与进来容易吗？

主要以设计为导向的企业是经得起考验的。这就像是去其他的企业拿一个很硬的篮子；他们要么太忙要么不能明白这一点——他们看不到这个价值。我们会再组或收紧产生创意的程序，以便这些产品与公司挂钩。比如现在，这是一家生产照明、地板革和家具的集团公司，而不是联合起来的专注于织物、电子和石油化工的集团公司，从中我们就能明白我们会得到一些家用的人口制品。

如果你首先将这三位专家放在一起，你会得到什么？

通过化学强化生成狗的外套。一件狗夹克能监测它的心率，谁知道呢？

下一步在哪里？

这一节将探讨在社会和改变企业环境中关键的发展。聚焦新的市场和产业是怎样出现的，技术的进步是如何促使设计师在创造的过程中改变和回应一些不明确的情况的。作为一个混乱的市场力的结果，将它置于企业的 DNA，从某种意义而言，它的行动将带来许多战略性收益。

图 1
大曼彻斯特警署通过他们活动的各方面完全开发了设计的作用。

未来的挑战和机遇

加快社会和技术的变革迅速改变了我们今天的世界和我们观察世界的方式。新的创意、转换的范例、传统的工作模式已经逐渐废弃。被置于虚拟的网络和机构中，这一切都归因于每日生活中翻天覆地的变化。新世界经济的变幻莫测正迅速地侵蚀正统的规则和长期持有的信仰。迫使我们重新评估我们消费的方式，评估我们的商品和服务。变革和社会的改革正发生在一个渐进而非持续的基础上，这是合情合理的建议，正温柔的推动我们进入一个又一个的未知领域。社会的变革和技术的进步是两个驱动改革最大的动力；它们的影响渗透我们生活的每个方面；一些意义重大，另一些更谨小慎微或不可见的，无论如何，变革是我们生活中一个持续的因素。这个将如何影响我们，尤其是我们在设计产业中的产品和服务将如何被构想和创造？

首先，英国上一个 10 年，我们见证了在公共领域运用设计的这一意义重大的动向。当地政府，驾驶与汽车驾照代理机构（DVLA），公共交通和警察，许多代理商在其中提供了关键的服务。所有这些包括了以此方式他们生产的材料和传达系统的设计，与最初的持有者锻造了紧密的关系。健康关注是另一个发展迅速的领域，在这个领域中病人和最终用户被置于服务和提供的健康体验的中心；较好的设计、舒适的环境和以用户为中心的产品令人们脱离了医疗化验和治疗的恐惧。

进一步提及设计"体验"的问题，尤其是经济"体验"的出现，商业大师詹姆斯·吉尔摩（James Gilmore）清楚地表达了下一个竞争战役将锁定于以令消费者惊讶和入迷的刺激感官的体验。所有公司必须采用一个戏剧导演的思路，利用令人记忆深刻的事件支持他们想要出售的商品和服务。迪斯尼主题公园是以超前的思路建立起来的，在迪士尼乐园，员工们都是"演员"；参观者都是"客人"，进入的主题公园就是令梦想成真的舞台。

也许你会问什么样的商品是一个无法捉摸的体验？根据已有的理论，体验的评估来自比物质的商品持续长久的记忆，物质的商品会逐渐损耗的。通过交付产品与服务在专门的市场创造记忆的体验。或者对最终用户的价值与抱负表现出深刻的理解。这个问题导致我们将市场细分成更多的领域，每个领域都体现出客户对他们消费的产品与服务细微的需求和较高程度的个性化需求。设计为我们提供了新思路，让我们识别和捕捉未开发的市场需求，引领我们创造属于新世界的产品和服务。包括利用早期在市场运作过程的综合性理论，在最终的设计结果中可识别不可预期的需求和购买决定。

"在日益增长的全球市场，我们发明、设计和制造人们需要的商品与服务的能力对于我们未来的繁荣比以往任何时候都更为重要。"
托尼·布莱尔（Tony Blair）

**设计管理的可视化
与价值**

变革的新景象

购买决定转移到了消费者和整个社会的利益之上，引起了有"同情心"的消费者数量增加。为什么？随着提高对全球性灾难、女性问题、贫穷和童工问题的关注，合乎道德的消费者们正通过一个道德的、同情心的镜片面向主要的机构质疑并检测他们的动机。可持续性，环境掠夺和道德政策都置于监视之下，导致消费者购买决定的戏剧性转变。消费者更需要我们生活中的主要机构出具更富于责任的章程。正如我们看到企业为了"责任"而转变，他们自身也从每日的工作内容和企业结构方面经受了最基本的变化。

随着新 ICT 技术的到来，以及网络虚拟机构的出现，在日常基础上合资企业的新形式和联合伙伴关系正开始应运而生。欧洲的空中客车 A380（一个欧盟成员国和制造机构的合资企业）就是一个虚拟设计和跨境网络产品的实际例证。所有合作过程全部协调地生产一架完全生态效应的飞机，将其设置成改变了产业预期，成为当代空中旅行的体验。通过社会这些动态的变化和工业实践，设计置于引导变化的中心位置，其中包括了创意的概念，发展和经济化的过程。其结果为在创意过程中的支柱角色，设计特有的本质和设计过程的管理已经在相当程度上改变了。设计师获得了新的技能，扩充了新的词汇量，通过应用实验性的理论应对企业变革的要求，应付非经济型的专业领域。

那么设计管理的角色在上一个 10 年已经极大地改变了，无疑的，在下一个 10 年它还将面临相当大地改变。设计正变得更加具有想象力，在企业运作方面、为未来的可持续发展进行构想和再思考。在董事局层面上设计是启发领导力最好的服务吗？或者当智慧地实施企业的全方位运作，设计的价值会更加深刻吗？这些关键的问题将不断地引发讨论，但是有一件事不能被夸大，这就是在今天比以往任何时候，在企业运作的战略库中设计是一个威力无比的武器。

图 1

空中客车 A380 是世界上具有最大载客量的飞机，它的处女航于 2005 年开始于法国图卢兹（Toulouse）。

"创新及由此的创意与设计被英国财政部视作 5 大生产力的驱动力之一，也同样重要地被视为国家和地区经济发展的关键动力。"
安德里斯·卢迪格鲁兹 – 普斯（Andrés Rodigruez–Pose）

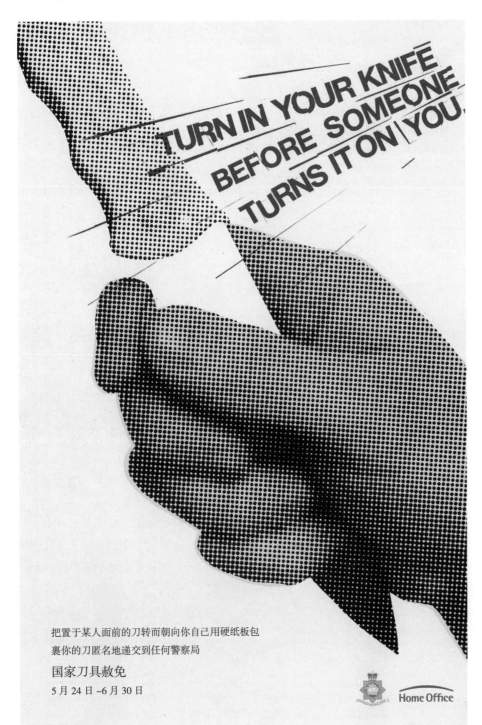

图 2

2006 年英国减少犯罪家庭办公室发起了
国家刀具赦免运动，一系列创意招贴和
一个赦免标志被设计出来，以帮助当地
警备力量在全国范围内支持要他们自己
的活动。

访谈

詹姆斯·伍迪豪森教授（Professor James Woudhuysen）

詹姆斯·伍迪豪森是莱斯特的蒙特福特大学创新与
预测的教授。在其他的成就中，伍迪豪森帮助安装
和测试了英国第一个电脑控制的汽车公园；领导了
一个国家电子商务消费者多重用户端的研究；在飞
利浦消费者电子学重组世界范围的市场智慧。他也
是很多书的作者，同时也为财富全球 500 企业中的
20 家做了主题演讲。

为我们并不熟悉你活动领域的读者，你能提供一个简短的创新及预期的回顾吗？为什么那对于企业来讲是重要的？

在书里并没有关于创新及预期的回顾，但是能预测未来的能力可以通过创新积极地塑造。关于这点是很多企业很少了解到的。获得这个能力并不容易。但在有用的行动上能帮助直接运用和努力。

设计的应用及设计的角色正通过基本的变革，一部分经过了全球化和持续不断的技术发展；你认为设计师需要理解和克服的最大的挑战是什么？

最大的挑战就是掌控和维护，仍旧对技术革新持批评的态度。

随着地理及文化领域的侵蚀，对于国际合资企业的途径，对于企业最大的机会是日益变得有用；然而意识到这些机会，企业需要在工业和社会范围预测未来的变化，什么是培养发展"未来思维模式"关键的第一步？

他们需要挑战他们的偏见，在产业中做一些学术的研究以及社会历史的研究，以及对他们的领域做一个预测。他们需要做这个规律性的研究和正式地讨论。

在这一时刻（2008 年）英国政府正发起很多倡议，在全球化范围内提出创新的利益，并能在一个国际化的舞台上保持竞争力。为确保这个战略的成功你将提出什么建议？

政府在创新上的花费和方向显露出他们在科学、工程和 IT 上面的无知。许多倡议是问题的一部分，他们将不会确保成功的。

从某种意义上这个问题是上一个的延续，面对经济正在崛起的国家如中国、印度和巴西，英国经济将如何保持竞争力？

我并不关心以英国的竞争力对抗其他的国家。然而，英国需要恢复科学、技术、研究发展和制造业的重要性，不要过多关注金融的服务以及社会控制领域。

面对全球变暖，臭氧层被破坏，气候变化和工业激进重组以及目前活动的再思考等问题，什么是设计和设计师引领变革应该承担的责任？

设计师需要引导变化，通过不寻常的觉醒拒绝作威作福者的需要并改变他们的行为。他或者她能从人的角度起到一定作用，在能源供应上倡导革新——而不是试着变成"用户"保存能源，合乎道德地去买或者类似的行为，设计师应该从神坛上走下来。

根据设计，让我们慎重地说通过更负责的工作，你有什么样的想法就设计怎样致力于降低犯罪的问题上（我考虑更多的是全球化的犯罪即恐怖主义、欺诈和仿制品）？

认为设计能降低犯罪是很荒谬的想法，这只是一种尝试——多种方式中的一种——把设计师转化为社会工程师的牧师。犯罪由很多原因引起，设计并非其中之一，换言之，一个议会产业很少被破坏，这是一种征兆而不是原因。在面对欺诈的案子上，设计师可以从负责的意义上说，在外面 9 成至 5 成，在对待英国航空公司和沙特阿拉伯之间的情形上他们可以问更多的问题——有些事英国重大欺诈办公室还没有准备好去做。

如果说我们迅速推进 10~15 年，你认为我们在设计团体中需要面临的最大挑战是什么？

从现在起，拒绝读书，走在时尚前面。品牌和道德之间的困扰是前进过程中的主要障碍。

詹姆斯请总结下，根据未来从事的有关设计行业方面批判性评论，你还有什么认为是很重要需要强调或补充的吗？

批判性评论是正确的事，也是精确的设计团队所缺乏的。

"认为设计能降低犯罪是很荒谬的想法，犯罪由很多原因引起，设计并非其中之一。"
詹姆斯·伍迪豪森教授

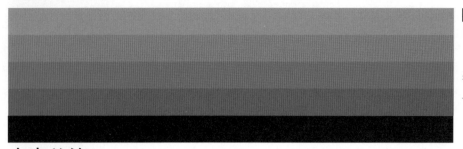

本章总结

这个世界是不断变化、混乱的，从恒久发展的角度看,公认的规范和建构会被粉碎并被重新装配。因此，设计必须经常保持重新调整焦距和核心以顺应始终如一的需求。技术正发展得更快，更细微，更廉价以及更易掌握。企业不得不带着新的责任和更广泛的社会义务不断调整以适应变化。犯罪的问题，可持续发展和全球化要求新的技术，将更进一步地要求设计师。然而，这些浮现出的问题同时也是丰富的灵感源泉，具有前瞻性的机遇，还有那些雄心勃勃的公司希望在今天的商业环境中能一举成功，兴旺发达。

问题回顾

基于前面所讨论的，你应该能回答下面5个问题。

1　随着基本的新技术的出现，在远东转变人口统计学的范畴和显现的市场，你能为希望开发新产品和服务的公司预测其他的机遇吗？

2　为什么你认为CSR的义务和实践是企业成功的先决条件？或者企业究竟是否需要CSR介入？

3　在企业采用 CSR 实践的案例中你认为有任何值得称道的吗？为什么它们被认为是成功的，你认为呢？

4　服务创新为公司提供了许多利益和回报；你能区分一个企业能通过服务开发进行创新吗？

5　你认为在下一个 10 年企业未来的挑战是什么？设计师怎样面对这些挑战并利用它们使之成为自己的优势？

推荐阅读

作者	题目	出版商	日期	评论
布劳菲尔德（Blowfield, M.），默里（Murray,A.）	企业的责任：一个批评性的介绍	牛津大学出版社	2002年	这是一本很需要的教科书，多角度地阐释了企业的责任。呈现了历史的和这个领域内部规律的纵览，创建了一种工作框架，不同管理方法的总结，世界趋势的回顾。
格莱德威尔（Gladwell,M.）	临界点：如此小的事情能形成巨大的差异	阿巴克斯（Abacus）	2002年	临界点提供了对形成明确流行趋势的因素的阐释,一个让人们爱不释手的想法,具有很高的可读性和启迪性。
赫曼（Hohmann,L.）	创新游戏：为产品与服务创造突破性进展	艾迪生·韦斯利（Addison Wesley）	2006年	创新游戏由两个部分组成，首先描述了12个游戏中的每一个，第二个提供了简单的程序和模板以帮助企业组织他们的团队，计划和运行游戏。将其结果纳入到他们的产品开发计划。
莱维特（Levitt,S.D.）迪尔内(Dubner，S.J.）	魔鬼经济学：一个经济学的无赖探索每件事背后的真相	艾迪生·韦斯利（Addison Wesley）	2007年	本书做了两件重要的事：它挑战了读者所认为的事情的原因，它使得现代的经济学思路变得更有趣。并容易获更多的受众。具有充分的阅读乐趣，基于这一切理由这是值得称道的书。
伍顿（Wootton,A.B.）戴维（Davey,C.）	犯罪的周期为产生设计对抗犯罪的创意的指导	DAC解决方案中心索尔福德大学	2004年	两个备受尊崇的作者就此主题分享了他们的观点和独到的洞察力，在设计过程中嵌入抵抗犯罪的思路。是挑战但可掌控，如果你对设计对抗犯罪很感兴趣，那么不要远离本书。

结论

设计管理作为商业活动的构成要素的角色，在经营
的层面从管理的概念到组织产品的发展过程，在过
去 30 年间它已经有了相当大的改变。只保留了一件
事：设计的影响以及在许多方面的利益仍然是一如
既往地难以量化。

设计在企业中扮演了许多角色。就反映而言，它有
着不同的水平，大部分时候被用作工具来装点门面
提升产品的外观；正在成为商业运作的核心"基因"。

通过设计管理许多方面的职责，通过在企业内部所
起的关键作用，它有能力影响企业的决策和运作。
随着最终用户和消费者的要求变得更加清晰以及对
企业活动的忠诚度，企业被赋予了额外的要求来完
成这些责任。

精心策划未来的意象

本书为设计投资提供了一个强有力和具有说服力的案例。投资不仅是以金融试算表或者"添砖加瓦"的形式，而更多的是在投资于有意义的战略与建立的文化上，以促进伟大的觉醒和设计所带来的真正的增值。第一节探讨了设计的价值，以及设计在金融上的价值；投资于金融资源为现存和预期的产品与服务增加附加值，最终目的是实现可持续化的差异以及具长期的竞争力。在提倡并培养设计"思维"的环境里投资会是硕果累累的，而任务风险和探索可能性通过设计能有意义重大的收获。在这一点上也许会有人提中肯的问题："设计是什么？"通过广泛的理解和对设计的欣赏，它的价值和影响能传播更广泛并集中于经济活动中心。可以这样建议设计远远超越于"做"而最终体现于一个："过程"。它更像是一个包罗万象的哲学，在整个组织活动的各个方面渗透。正如雷蒙德·特纳和艾伦·托普利安曾经热烈辩论时所说的"设计显露出战略的意图，为了达到这一点，企业必须斗志昂扬地由全面的设计意象来全副武装。"

未知的机遇

那么一个企业是如何开始发展设计意识的？设计思维从始于何处又止于何处？谁为想象力负责或者它是如何开始的？这些也许是简单的问题，但答案却是复杂的。一个组织是如何进化并飞跃到设计领导的未知水域的？也许，这可以说，这个过程与抱负开始于舒适的教育和学习范围。每一个贡献于此书的人都曾经是一个学生；他们中的大部分都参与了具有实际意义的设计研究，例如在排版设计、产品设计和纺织品设计领域等等。当他们还是学生的时候，设计管理还只初露头角，在设计行业中几乎未被知晓。然而经过了他们的实践、理解和体验，他们已经欣然接受设计的价值及设计所能带来的利益。如果我们借此认为，本书的读者都是真正国际化的，对设计管理每一个人都有植根于自己特定的文化和专业背景的观点和理解，那么设计管理将衍生出更丰富的内容。通过这全方位地对这个学科规律的诠释，设计管理在它持续发展的过程中能产生飞跃。本书无论从实践还是意象的角度对设计提出了一个诚实和非常广泛的说明；然而其中有许多缺点并未给予解决出路，也没有对未来发展提供一个公认的计划。在某种程度上，它提供了一个对本书所提及的主题的检验，以及超越本书参数的探索方式。谁已经完全做好了迎接这个挑战的准备？我将把这个问题留给你。

新的开始

我们在一个迅速发展的世纪生活和工作。变化是永不停息的；它影响着文化、政治、社会、技术和环境因素，从根本上改变而后影响着我们的生活。通过这些超越我们所能掌控的强有力、动态、持续的变革因素，历史和理解需要被置于当代实践中重新组织。设计管理是不同的，它要求建立在过去探索的基础上一个全新的观点；关于未来的一部分能得到一致认同的是设计管理是不可预测、不明确的；但对于设计师这个挑战也包含了享受。在进化过程中设计管理的下一步，我们会问："谁来引领这个变化？"或者"谁是这个变化的受益者？"这个答案也许不会在本书中找到，但是希望它会出现在本书读者的灵感中。

联系方式

Andy Cripps
www.andycripps.co.uk

Aynsley China Ltd
Sutherland Road
Longton
Stoke-on-Trent
Staffordshire
United Kingdom
T +44 (0) 1782 339401
www.aynsley.co.uk

Buxton Wall Product Development Ltd
3 Parsonage Road
Heaton Moor
Stockport
Cheshire
SK4 4JZ
United Kingdom
T +44 (0) 161 4322351
www.buxtonwall.co.uk

CBI
Tubs Hill House
London Road
Sevenoaks
Kent
TN13 1BL
United Kingdom
T +44 (0)1732 468610
www.cbi.org.uk

CIPA
The Chartered Institute of Patent Attorneys
95 Chancery Lane
London
WC2A 1DT
United Kingdom
T +44 (0)20 74059450
www.cipa.org.uk

Design Council
34 Bow Street
London
WC2E 7DL
United Kingdom
T +44(0)20 74205200
www.designcouncil.org.uk

Evoke Creative Ltd
Suite F9 Oaklands Office Park
Hooton
Cheshire
CH66 7NZ
United Kingdom
T +44 (0)151 3281617
www.evoke-creative.co.uk

Haley Sharpe Associates Ltd
11-15 Guildhall Lane
Leicester
LE1 5FQ
United Kingdom
T +44 (0)116 2518555
www.haleysharpe.com

Henley Centre
6 More London Place
Tooley Street
London
SE1 2QY
United Kingdom
T +44 (0)20 79551800
www.hchlv.com

IDEO
IDEO Palo Alto
100 Forest Avenue
Palo Alto
CA 94301
USA
T +1 650 2893400
www.ideo.com

Imagination@Lancaster
The Roundhouse
Lancaster University
Bailrigg
Lancaster
LA1 4YW
United Kingdom
T +44 (0)1524 592982
www.imagination.lancaster.ac.uk

KTP
KTP Programme Office
Momenta
Didcot
Oxfordshire
OX11 0QJ
United Kingdom
T +44 (0)870 1902829
www.ktponline.org.uk

Livework
Studio 401 Lana House
118 Commercial St
London
E1 6NF
United Kingdom
T +44 (0)20 73779620
www.livework.co.uk

London Development Agency
Palestra
197 Blackfriars Road
London
SE1 8AA
United Kingdom
www.lda.gov.uk

PACEC
504 Linen Hall
162-168 Regent Street
London
W1B 5TF
United Kingdom
T +44 (0)20 70383571
www.pacec.co.uk

PDD Group Ltd
85-87 Richford Street
London
W6 7HJ
United Kingdom
www.pdd.co.uk

PDR
UWIC Western Avenue
Cardiff
CF5 2YB
United Kingdom
T +44 (0)29 20416725

Staffordshire University
Faculty of Arts, Media and Design
College Road
Stoke-on-Trent
ST4 2XW
T +44 (0)1782 294415
www.staffs.ac.uk

Trevi
The Bathroom Works
National Avenue
Kingston Upon Hull
HU5 4HS
United Kingdom
T +44 (0)1482 470788

University of East London
Docklands Campus
Royal Albert Docks
University Way
London
E16 2RD
United Kingdom
www.uel.ac.uk

图片列表

全部图片由鲁珀特·巴西特（Rupert Basset）重新加工。

第17页
图1由苹果公司友情提供。图3由柯达友情提供。图4© CHANEL/丹尼尔·茹阿勒摄影（Daniel Jouanneau）。图6：理查德·戴维斯摄影（Richard Davies），宇宙设计工作室友情提供。图7：克里斯·加斯科瓦内摄影（Chris Gascoigne），维吉尔与斯通（Virgile and Stone）友情提供。

第19页
图5由企业友情提供。

第31页
图3由IDEO友情提供。图5由苹果友情提供。

第40页
图1由彼得·萨维尔工作室（Peter Saville Studio）友情提供。

第43~45页
所有图片由特雷维(Trevi)友情提供。

第54页
图1由©布劳恩(Braun) GmbH.友情提供。图2由本田（Honda）友情提供。图3：Oakley Hijinx sunglasses © 2008 Oakley,Inc.

第56~61页
所有图片由安斯利(Aynsley)友情提供。

第71页
图1由弗瑞兹·汉森(Frifz Hansen)蛋椅设计，阿尼·杰克布森（Arne Jacobsen），1958年设计，制造商：弗瑞兹·汉森(Fritz Hansen)

www. Fritzhansen.com. 摄影：Piotr & Co.

第77页
所有图片由马里奥·奥提斯(Mario Otiz)友情提供。

第78~79页
所有图片由艾伦·帕维尔·门德斯(Alan Pavel Mendez)友情提供。

第81页
所有图片由邓建业（音译）友情提供。

第85~89页
所有图片由哈利·夏普设计(Haley Sharpe Design)友情提供。

第96页
所有图片由木田胜久(Katsuhisa Kida/ FOTOTECA)友情提供。

第98页
图1由内夫(Neff)友情提供。

第101页
图1由费斯托(Festo)友情提供。费斯托的模拟驾驶器，气动驾驶。
摄影：沃特·福治（Walter Fogel）

第111页
图2版权©波音（Boeing）。

第112~117页
所有图片由巴克斯顿沃尔(Buxton Wall)友情提供。

第127~131页
所有图片由PDD/Exertris友情提供。

第138~139页
所有图片由克里斯蒂安·德·格鲁特(Christiaan de Groot)友情提供。

第146页
图1由Eurofighter GmbH/Geoffrey 杰弗瑞·李友情提供。

第156页
图1 © 约翰·柯布/绿色和平（John Cobb/ Greenpeace）。图片由绿色和平友情提供

第159~163页
所有图片 © 由城市空间有限公司（Cityspace Limited,2006~2009）友情提供。

第166页
图1由施乐英国有限公司友情许可复制 Xerox(UK)Ltd。

第167页
图2：西门子（Sicmens）新闻图片。

第174页
图1 © 比尔·莫里斯（Bill Morris/ GMP）。

第176页
图1 © 空中客车（Airbus）。

词汇表

头脑风暴

通过团队活动解决创意问题，通常被用在最初的设计概念发展阶段。这是为达到专业目标获得一系列创意概念而发明的新技能。

品牌

一个符号，术语，设计，名称或其他图形，清楚地区别于其他竞争对手的产品或服务。品牌的合法期限被称为"注册商标"。

品牌定位

一个尝试改变消费者观念的特别的品牌。例如，VW成功地再定位了斯柯达品牌（Skoda）。

商务到商务

大多数也做B2B表达。指非消费者的购买人如制造商、批发商、经销商等等之间的交易。

同型装配

在企业目前的产品和服务范围需求的融合，在此基础上开发出新产品及服务需求的百分比。

合作新产品开发

两个或更多的企业一起工作开发商业性的产品或服务，合作开发不同于在合伙经营的深度上单纯的外包服务。

竞争者分析

了解并分析竞争对手的强项和弱点的过程，其目的在于一个企业发现竞争对手在市场定位上的差异。

概念

一个创意的可视化描述，包括了它的核心特色和消费者利益，与对技术需求的广泛的理解相关。

概念的产生

新产品概念被发展的过程，并与概念产生和构思能力有互换性。

概念筛选

在产品发展的最初阶段具有潜力的概念的评估。判断具有潜力的概念在商业战略中的适应性、开发成本和潜在的经济回报。

消费者

指最广泛的范围中公司长期持有的目标受众。它不同于作为某一项产品或服务的购买者或用户的个人。

消费者需求

根据消费者的喜爱所做的产品，同时也包括消费者想要解决的一些问题。

持续创新

产品持续的变化提高了消费者的执行力和利益。为了在市场中保持竞争力，以技术为导向的产品会要求不断地进步。

核心竞争

一个企业拥有的比竞争对手强的实力，为保有消费者所提供的而体现竞争优势、有特色的供应。

跨职能团队

在企业中来自各种部门的多学科团队——通常来自市场部、制造、金融和采购部门。

衰退阶段

产品生命周期的最后一个阶段。

人口细分

关于人口统计的描述，通常包括性别、年龄、教育和婚姻状况。

设计冠军

一个关键的个体，有极大的热情和兴趣

能看到特定的设计概念或过程商业化的趋势。

直接行销

企业中将促销材料直接送达某一具体受众的销售过程。

早期受用者

在产品生命周期最早阶段买新产品的消费者。

移情设计

一种揭示潜在客户需求的详细方法。产品使用的观察研究法是移情设计的核心本质。

人种学

一个用于研究消费者和最终用户与他们的环境相关的定性和描述性的研究方法。

救火

在设计开发过程中一个意想不到的问题要求资源转移。

小组讨论

一个强烈的定性市场研究技术，与会者聚集在主持人监督下的房间，讨论的重点在消费者问题、产品或潜在问题的解决方案。

模糊前端

设计开发过程的最初阶段，创意开发前面更正式的阶段。在这个阶段活动经常无计划，杂乱无章和非结构化。

地理划分

通过明确的地域划分市场，如城镇和相邻区域。

成长阶段

产品生命周期的第二个阶段。这一阶段的特点是增加销售和市场接受度。

初步筛选
在项目中首次分配资源（金融和人力的）的决定。

推介阶段
产品生命周期的第一个阶段。产品从这个阶段迅速转向下一个阶段：成长期。

学习型机构
一个不断在企业内进行测评和更新的机构，以进行变革提升其知识结构与程序。

制造设计
为将被用于新产品的制造所作的决定的过程。

市场开发
将现有的产品和服务带到新的消费者和用户那里。

市场调研
为了作出决策，就环境、消费者和竞争者所进行的状况分析和数据收集。

营销组合
由产品、价格、位置和促销组成的企业战略（也被称作"4Ps"）。

市场企划
一个企业在一个时期计划的文件，通常涵盖了环境分析和营销组合。

大众营销
对所有的消费者促销产品与服务。

成熟期
产品生命周期的第三个阶段，这个阶段的特征为由于市场饱和而减缓销售量。

新上市的产品
之前消费者或厂商一直未接触到的新产品或服务。

对路适销
集中资源和精力在某一个特定市场区域的过程。

开放式问题
鼓励对某些问题提供回应和答案，如"为什么你要买这款特别的鞋子？"

外包服务
由另一个公司提供生产产品或服务的过程。

知觉地图
为深度了解消费者就目前和未来的产品的定量的研究技术。

波特的5力分析
由迈克尔·波特（Michael Porter）制定的分析工作框架。便于企业能评估与对手的实力。

产品开发战略
一个总体战略，赋予产品特征和指导产品的创新方案。

产品生命周期
产品进入市场的4个关键阶段：推介、成长、成熟和衰退期。

品质设计
用于产品与服务的设计品质的过程，或从最初的创意到将其商品化的过程。

市场关系
与现有的客户建立长期关系，旨在建立稳固的客户忠诚度。

投资回报
一个项目收益性的标准测量。这是项目周期的利润折扣，表现为初始投资的百分比。

分区
将一个大的市场划分多个区域的过程，每一个区域对产品和服务都持有相似的观点。

SWOT 分析法（态势分析法）
用于引导企业自身评估的模式。表现为内部优势、劣势、外部环境机会和威胁。

目标市场
选择一组消费者或潜在消费者作为市场目标。

增值
将有形的产品特征或无形的服务属性与其他的特征与属性结合的过程。

索引

页码以斜体字标示说明

引文来源

P20
托尼·布莱尔，英国创新报告，2003

P25
库珀与普雷斯，1995

P27
乔治·考克斯爵士，2005

P33
库珀与普雷斯，2003

P37
设计理事会国家公司调查，2005

P41
CBI 理解现代制造业，2007

P42
英国设计，设计理事会，2005

P46
英国设计，设计理事会，2005

P54
怀特，索尔特，甘恩和戴维斯，《投资于设计提高出口潜力》，2002

P55
设计理事会国家公司调查，2005

P57
设计理事会简报：设计在商业中的影响，2005

P58
NESTA，在创意产业中隐藏的创新，2008

P59
HM 集锦，考克斯评论：创意在商业中：构筑英国力量，2005

P60
NESTA，隐藏的创新：创意如何发生在六个"低"创意领域，2007

P65
设计理事会，2008

P67
设计在英国，英国理事会，2005

P82
波士顿顾问集团，2009

P83
中国设计产业协会，2007

P97
艾伯特·哈巴德，1859~1915 年

P99
设计在英国，英国理事会，2005

P100
设计在英国，英国理事会，2005

P105
斯蒂芬·拜尔斯，瑞特克国际

P109
比尔·莫瑞奇，IDEO

P111
乔纳森·伊夫，苹果

P122
设计在英国，英国理事会，2005

P139
詹姆斯·哈金，《大创意》，2008

P148
詹姆斯·哈金，《大创意》，2008

P151
卡罗琳·戴维博士和安德鲁·伍顿 设计对抗犯罪解决方案中心

P154
设计在英国，英国理事会，2005

P156–7
企业社会责任：一个政府的更新，2008

P166
设计在英国，英国理事会，2005

P170
查尔斯·利德比特，《由内而创新》，2002

P175
托尼·布莱尔，英国创新报告，2003

P176
罗德里格斯–普斯，《研发值得投资于欧洲落后区域吗？》，2001

致谢

谨以此书献给爱丽丝 (Alice) 和西奥·吉廷斯（Theo Gittins）

特别感谢

感谢里夫（Leafy），卡罗琳（Caroline）和雷切尔（Rachel）在 AVA 出版时他们付出的无尽耐心以及从始至终对此项目的支持。在想象力 @ 兰开斯特的雷切尔·库珀，为雷切尔。在索尔福德大学的安德鲁·伍顿，卡罗琳·戴维和尼尔·豪（Nigel Howe），我欠了他们如此多。感谢凯瑟琳·贝斯特（Kathryn Best）在设计管理上睿智的洞察力！格雷姆（Graeme）和艾丽斯·罗素（Alice Russell）长久以来的理解我将深深铭记并感激！感谢城市空间的彼得·昆兰无价的贡献，以及他致力于智能点案例的极大热情与精力！最后感谢利物浦的珍妮弗·布朗（Jennifer Brown）和曼彻斯特的萨伊达（Saeeda）自 2003~2006 年间对我的不断敦促！

感谢

这份名单是没有尽头的，但必须感谢艾伦·沃尔，戴维·桑德森，里歇尔·哈伦，艾利森·普伦迪维尔，戴维·拉福，安迪·克里普斯，加文·卡伍德，阿利斯泰尔·黑利，艾伦·托帕利安，戴维·汉弗莱斯，玛格丽特·布鲁斯，露西·戴利，迈克尔·托马斯，比尔·霍林斯，鲍勃·杰拉德，乔纳森·维克里，埃米·史密斯，詹姆斯·伍德赫森，罗伊·奇尔弗斯，赛雷娜·赛尔瓦，安娜·沃利斯，以及卡伦·亚伊尔。